DICTIONNAIRE

DES

EAUX MINÉRALES

DU DÉPARTEMENT DU PUY-DE-DOME

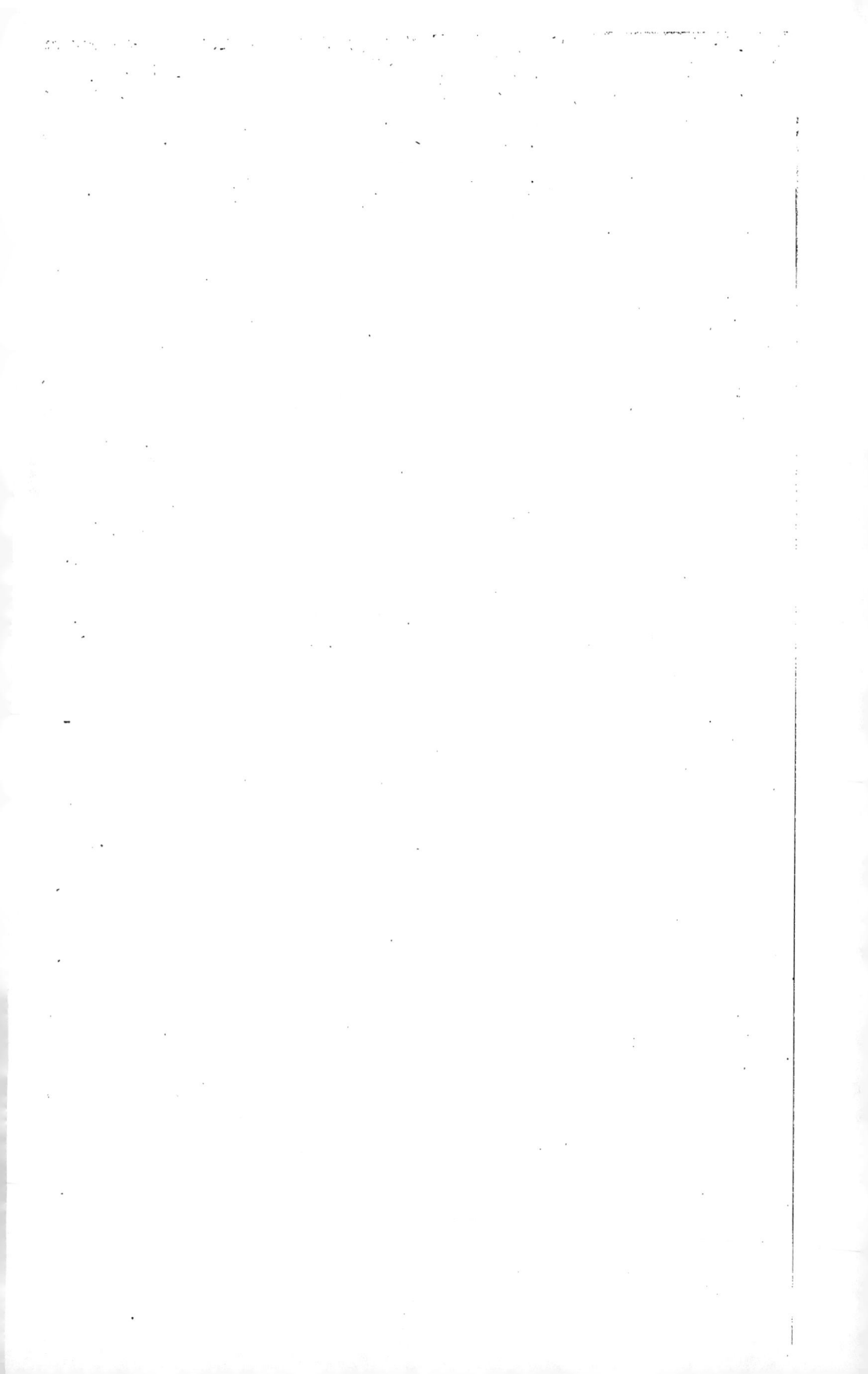

DICTIONNAIRE

DES

EAUX MINÉRALES

DU DÉPARTEMENT DU PUY-DE-DOME

PAR

P. TRUCHOT

Professeur de chimie à la Faculté des sciences de Clermont-Ferrand,
Directeur de la Station agronomique du Centre,
Chimiste en chef de l'administration des Contributions indirectes,
Membre titulaire de l'Académie des sciences, lettres et arts de Clermont-Fd,
Membre correspondant de la Société du Musée de Riom, etc.

*Il y a peu de prouinces au monde qui puissent
aller de pair avec ceste cy, quand il faudra comparer
l'adjencement, vtilité et proffit qu'elle a de ses eaux.*
JEAN BANC, p. 14-2, 1605.

PARIS

A. DELAHAYE, Libraire-Éditeur, place de l'École de Médecine.

—

1878

A Monsieur H. AUBERGIER

Doyen honoraire de la Faculté des sciences de Clermont.

Respectueux hommage.

P. TRUCHOT.

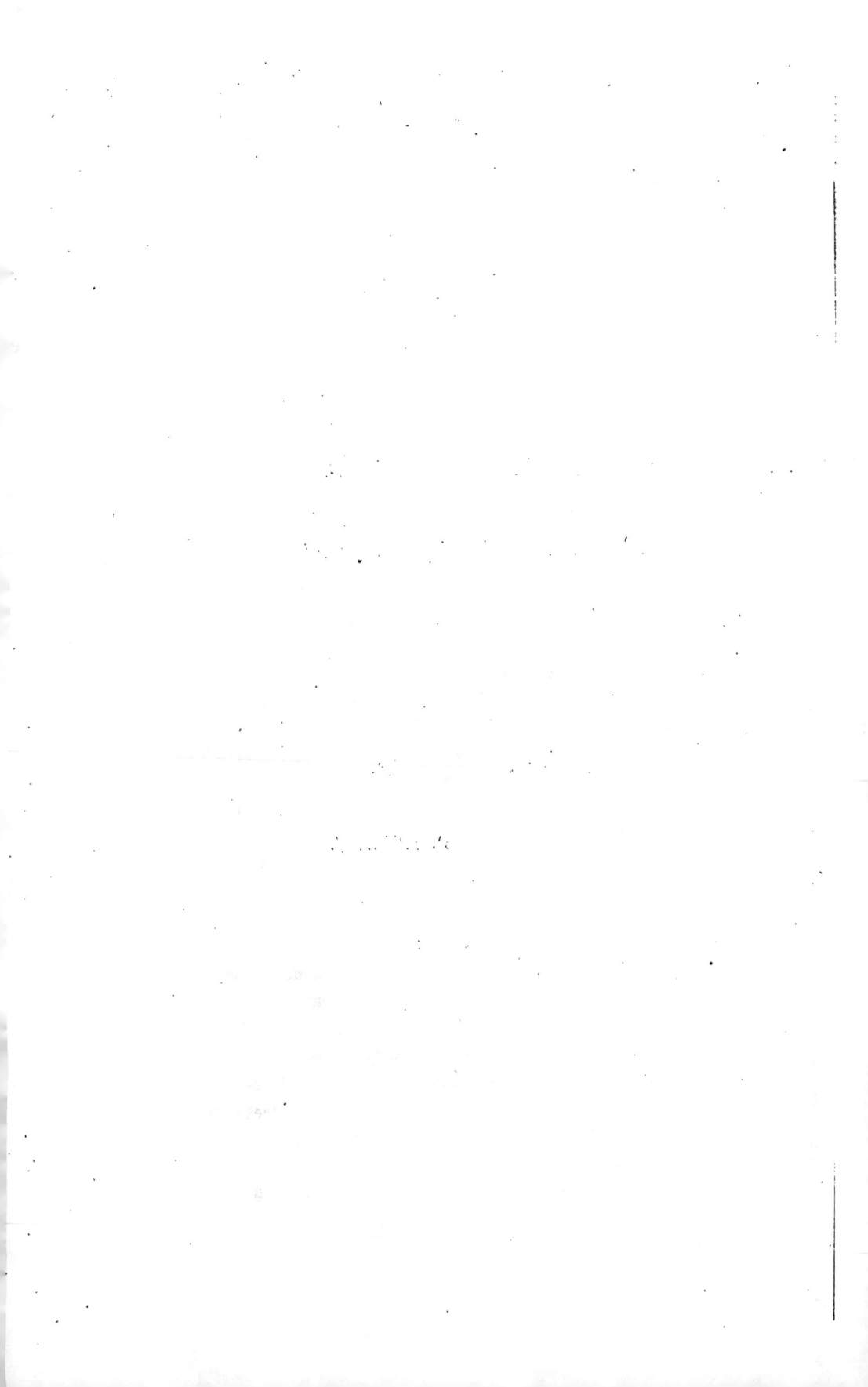

PRÉFACE

Le Puy-de-Dôme est sans contredit de tous les départements français le plus riche en eaux minérales. Le nombre des sources qu'on y rencontre et qui sont plus ou moins utilisées dépasse deux cents, et on en trouverait sans doute beaucoup d'autres encore qui ne sont connues et fréquentées que par les habitants des hameaux ou des domaines dans le voisinage desquels elles sourdent.

Beaucoup d'ouvrages ont été publiés sur les eaux minérales d'Auvergne. Jean Banc en 1605, Duclos en 1675, Chomel en 1734 et Legrand-d'Aussy en 1787, ont décrit un certain nombre de sources réputées dès longtemps; d'autres auteurs ont célébré tour à tour les principales stations thermales : Desbrest met en évidence Châteldon en 1778; Michel Bertrand crée le Mont-Dore et fait dès 1823 une étude complète de cette hydropole; Salneuve fait connaître Châteauneuf, et Barse, Châtelguyon; Saint-Nectaire, Royat, La Bourboule, Clermont-Ferrand, etc., sont étudiés par plusieurs chimistes, médecins ou géologues; les docteurs Allard et Boucomont publient en 1862 un très-intéressant ouvrage sur les spécialités médicales, l'état actuel et l'avenir des principales eaux thermo-minérales d'Auvergne. Enfin, à partir de 1855, un chimiste hydrologue, M. J. Lefort, à qui la science des eaux minérales doit de si beaux travaux, analyse successivement les sources thermales du Puy-de-Dôme les plus en évidence, tandis que M. Carnot, à l'Ecole des Mines de Paris, et d'autres savants encore, déterminent de leur côté la composition d'un certain nombre de sources des stations importantes.

Qu'il nous soit permis de rappeler ici que nous avons signalé en 1874, dans une communication à l'Académie des sciences, la présence de la lithine en quantité notable dans les eaux minérales d'Auvergne (1).

Tous ces travaux sont des monographies; mais un travail d'ensemble du plus grand mérite, publié en 1846 par M. le docteur Nivet, sous le titre *Dictionnaire des Eaux minérales du département du Puy-de-Dôme*, doit être mentionné à part. Il contient la description de toutes les sources alors connues et les analyses d'un bon nombre d'entre elles dues à l'auteur.

Nous avons pensé qu'il y aurait quelque intérêt, après 32 ans, à reproduire un travail analogue. Après avoir, pendant plusieurs années, soumis à l'analyse les eaux minérales qui n'avaient point encore été l'objet de recherches chimiques ou dont la composition avait été déterminée depuis longtemps, nous avons réuni à l'Exposition universelle de 1878, sous le patronage de la Société centrale d'agriculture du Puy-de-Dôme, des échantillons de 225 sources minérales, avec les analyses correspondantes.

Notre but, en publiant aujourd'hui ces recherches longues et pénibles, a été de montrer que le département du Puy-de-Dôme offre une importance exceptionnelle sous le rapport des eaux minérales qu'il possède; puissions-nous y avoir réussi!

Clermont-Ferrand, juin 1878.

_____

(1) Un grand nombre de publications intéressantes, dont l'énumération ne saurait trouver place ici, seront signalées dans un index bibliographique à la fin de cet ouvrage.

DICTIONNAIRE

DES

EAUX MINÉRALES

DU DÉPARTEMENT DU PUY-DE-DOME

AIGUEPERSE

Le territoire de la ville d'Aigueperse a été souvent cité comme renfermant des sources d'eau minérale. En 1846, M. Nivet signale, sur les pentes orientales du coteau de la Bosse, des suintements ferrugineux et même une petite source incrustante cachée sous des ronces et des arbrisseaux. D'après M. Lecoq, quelques puits creusés dans le faubourg de Gannat, à Aigueperse, seraient remplis d'eau minérale légèrement bitumineuse.

M. Nivet considère avec raison ces suintements et ces sources comme les restes de fontaines plus abondantes qui ont déposé autrefois les calcaires environnants. Quoi qu'il en soit, il n'existe actuellement que de légers suintements qui n'ont pas d'importance comme eaux minérales.

A l'ouest de la butte de Montpensier et à peu de distance de la route de Gannat se trouvent, au milieu de champs cultivés, deux excavations voisines connues sous le nom de *Fontaine empoisonnée*. Du fond de chacune d'elles, mais surtout de la plus considérable, s'échappe une grande quantité d'acide carbonique qui fait bouillonner de l'eau formant une nappe dormante.

Il ne s'agit point, par conséquent, d'une eau minérale ; mais bien d'une source d'acide carbonique. Ce gaz, plus lourd que l'air, s'accumule principalement lorsque le temps est calme dans l'entonnoir au fond duquel il se dégage, et on y rencontre souvent de petits animaux, tels que des oiseaux, des lièvres, etc., qui y ont été asphyxiés. Il est même arrivé que des personnes s'étant imprudemment reposées sur les bords de la source, y ont trouvé la mort. De là le nom de *fontaine empoisonnée*.

AMBERT

On rencontre, dans le voisinage d'Ambert, quatre sources minérales froides qui sont utilisées dans le voisinage comme eaux acidules. Ce sont des eaux fort peu minéralisées et qui ne doivent guère leurs propriétés qu'à l'acide carbonique libre qu'elles contiennent. Elles sont peu abondantes.

1° Source de Rodde.

L'eau de Rodde, près du village de ce nom, à un kilomètre et demi au nord-ouest d'Ambert, est limpide, d'une saveur aigrelette ; sa température est de 12°.

L'analyse nous a donné les résultats suivants :

COMPOSITION RAPPORTÉE A 1 LITRE.

Acide carbonique	0^{g}918	Acide carbonique libre . .	0^{g}830
— sulfurique.	traces.	Bicarbonate de soude . . ⎫	
— silicique.	0.050	— potasse . ⎬	0.168
Chlore	0.010	— chaux . . .	traces.
Potasse. . . . . ⎫		— fer.	traces.
Soude. . . . . ⎬	0.070	Sulfate de soude.	traces.
Chaux	traces.	Chlorure de sodium. . . .	0.016
Protoxyde de fer	traces.	Silice.	0.050
Matières organiques. . . .	traces.	Matières organiques. . . .	traces.

Poids des combinaisons anhydres, les carbonates étant à l'état de carbonates neutres	0.172	Total, non compris l'acide carbonique libre. . . .	0.234
		Total, y compris l'acide carbonique libre.	1.064

On a quelquefois comparé les eaux d'Ambert à celles de Grandrif; elles ont de commun, en effet, une faible minéralisation, une proportion assez grande d'acide carbonique ; en un mot, ce sont des *eaux carboniques* (1).

Mais les eaux d'Ambert ne contiennent que des traces de sels de chaux et une plus grande quantité de bicarbonates alcalins ; c'est le contraire pour l'eau de Grandrif.

2° Source de la Gerle.

La source de la Gerle est située dans une prairie, sur la rive droite du ruisseau de Porlette, à l'est de la ville.

_____

(1) Voir au sujet de la source Thérèse, commune de Besse, la signification attribuée à la dénomination d'*eaux carboniques.*

Elle ressemble beaucoup à la précédente comme le montre l'analyse suivante que nous en avons faite :

COMPOSITION RAPPORTÉE A 1 LITRE.

Acide carbonique	0ᵍ836	Acide carbonique libre.	0ᵍ750
— sulfurique	traces.	Bicarbonate de soude	} 0.165
— silicique	0.045	— potasse	
Chlore	0.008	— chaux	traces.
Potasse	} 0.068	— fer	traces.
Soude		Sulfate de soude	traces.
Chaux	traces.	Chlorure de sodium	0.013
Protoxyde de fer	traces.	Silice	0.045
Matières organiques	traces.	Matières organiques	traces.
Poids des combinaisons anhydres, les carbonates étant à l'état de carbonates neutres	0.164	Total, non compris l'acide carbonique libre	0.223
		Total, y compris l'acide carbonique libre	0.973

3° Source de Lachons.

La source de Lachons se trouve à un kilomètre au nord d'Ambert, sur le bord de la Dore.

Elle est presque constamment mélangée aux eaux de la rivière et nous n'avons pu encore nous en procurer un échantillon assez pur pour en faire l'analyse.

4° Source de Talaru.

Cette dernière source est située dans la vallée de Valeyre, à l'est d'Ambert.

Il y a un an environ, elle a été comblée par un éboulement

de terrain et nous n'avons pu également en prendre un échantillon, les efforts du propriétaire pour la dégager n'ayant pas encore abouti.

ARDES

1° Eaux de Chabetout.

Chabetout est situé sur la rive gauche de la Couze, à trois kilomètres de la ville d'Ardes, au commencement d'une vallée qui porte quelquefois le nom de *Vallée de la Rivière-l'Evêque.*

Les sources ou griffons sont au nombre de cinq sortant d'une roche granitique; on en désigne deux par des noms particuliers, ce sont les sources *Ardes* et *St-Germain.*

Leur débit total est de 125 litres par minute et leur température 14°.

Un établissement a été construit dans d'excellentes conditions, sous la direction de M. Mallay, architecte du département; il renferme douze baignoires avec cabinets de douches et autres accessoires, mais actuellement la moitié seulement est exploitée par les propriétaires, MM. Roux frères.

L'eau minérale de Chabetout est limpide; sa saveur, fortement acidule, devient ferrugineuse; elle dégage une grande quantité d'acide carbonique qu'on se propose d'utiliser en douches et en bains.

L'analyse a été faite par M. E. Barruel et par M. Ossian Henry père. Ce dernier a obtenu les résultats suivants en 1855 :

Acide carbonique libre.		1ᵍ760
Bicarbonate de soude.		1.886
— de potasse		0.096
— de chaux.		0.278
— de magnésie. . . .		0.180
— de protoxyde de fer avec crénate et silicate.		0.047
— de manganèse. . . .		sensible.
Lithine carbonatée et silicatée. .		id.
Chlorure de sodium.		0.225
— de potassium.		0.093
Sulfate de soude.		0.045
— de chaux.		0.010
Acide silicique et silicates. . .		0.197
Alumine		
Phosphate }		0.048
Borate		
Matière organique		
Principe arsenical }		traces.
Iodure		
Total.		4.865
En retranchant l'acide carbon. libre.		3.105

Le même chimiste a constaté que la roche micaschisteuse que traverse les sources est imprégnée de petits cristaux de pyrite ferrugineuse, renfermant des traces d'arséniosulfure de fer et ce serait à ces pyrites que l'on doit la présence, dans l'eau de Chabetout, du fer et des traces d'arsenic qui y ont été constatés.

Nous avons trouvé nous-même une proportion de lithine de 0ᵍ030 par litre, évaluée à l'état de chlorure de lithium.

Les eaux de Chabetout jouissent d'une certaine réputation dans les localités voisines. D'après le docteur Ossian Henry fils, elles sont employées avec succès contre les ophthalmies scrofuleuses et on leur donne aussi le nom de *fontaine des yeux*. Elles sont efficaces dans les affections de l'estomac et du tube digestif, les gastrites chroniques et les dyspepsies ; enfin elles conviennent dans le traitement des affections liées à une débilité générale ou à un vice scrofuleux.

2° Source de la Gravière.

Dans la vallée de Rentières, au milieu d'un bois appartenant à M. de Maillargues, se trouve une source d'eau minérale connue sous le nom de *Source de la Gravière*. L'eau en est froide, acidule et ferrugineuse.

Il n'y a pas d'installation et la source est peu fréquentée, sans doute à cause de son éloignement des lieux habités. La composition, représentée par l'analyse suivante que nous en avons faite, permet cependant d'attribuer à l'eau de la Gravière des propriétés qu'il serait bon d'expérimenter et que lui donnent sans aucun doute le fer qu'elle contient et les bicarbonates alcalins qu'elle renferme en notable proportion.

COMPOSITION RAPPORTÉE A 1 LITRE.

Acide sulfurique	traces.	Bicarbonate de soude	⎫ 2ᵍ504
— silicique	0ᵍ090	— potasse	⎰
Chlore	0.317	— chaux	0.540
Potasse	⎱ 1.196	— magnésie	0.368
Soude	⎰	— fer	0.017
Lithine	traces.	Sulfate de soude	traces.
Chaux	0.210	Chlorure de sodium	0.522
Magnésie	0.115	— lithium	traces.
Protoxyde de fer	0.008	Silice	0.090
Matières organiques	traces.	Matières organiques	traces.
Poids des combinaisons anhydres, les carbonates étant à l'état de carbonates neutres	2.820	Total, non compris l'acide carbonique libre	4.041

ARLANC

A deux kilomètres au nord d'Arlanc, petite ville bâtie sur une éminence qui domine la plaine du Livradois dans l'arrondissement d'Ambert, on rencontre, sur le bord de la route de Nîmes et non loin de la Dore, des eaux minérales connues depuis longtemps sous le nom d'eaux d'Arlanc.

La source, très-abondante, fournit une eau froide, limpide, acidule et très-gazeuse. L'acide carbonique la fait constamment bouillonner et elle dépose un sédiment ocreux sur ses bords.—Elle appartient au docteur Bravard-Deriols, qui l'a décrite et étudiée au point de vue de ses propriétés thérapeutiques avec un soin tout spécial dès 1837 et elle a été analysée à cette époque par Barruel.

Voici les résultats obtenus par ce chimiste pour un litre d'eau minérale :

Acide carbonique libre. . . .	1^g787
Carbonate de fer.	0.055
— de chaux.	0.146
— de magnésie. . . .	0.125
— de soude.	0.272
Chlorure de sodium.	0.044
Silice.	0.050 (1)
Matières organiques.	traces.
Total, y compris l'acide carbonique libre.	2.479
Total, non compris l'acide carbonique libre.	0.692

(1) Tous les ouvrages qui reproduisent l'analyse de Barruel mentionnent 0^g250 pour la proportion de silice; c'est le résultat d'une erreur d'interprétation, car ce chimiste a trouvé cette quantité en opérant sur 5 *litres d'eau*. Nous avons cru devoir rétablir le dosage exact.

Nous avons pensé qu'il serait intéressant de soumettre de nouveau à l'analyse l'eau d'Arlanc, afin de savoir si après 40 ans elle conserve une composition semblable ; les chiffres suivants montrent qu'elle n'a pas varié sensiblement :

COMPOSITION RAPPORTÉE A 1 LITRE.

Acide carbonique.	2ᵍ268	Acide carbonique libre. .	1ᵍ700
— sulfurique.	traces.	Bicarbonate de soude . . .	0.328
— silicique	0.048	— potasse . .	traces.
Chlore.	0.014	— chaux. . .	0.290
Potasse	traces.	— magnésie .	0.262
Soude	0.126	— fer.	0.070
Lithine.	0.003	Sulfate de soude.	traces.
Chaux.	0.113	Chlorure de sodium. . . .	0.010
Magnésie	0.082	— de lithium. . . .	0.010
Protoxyde de fer.	0.032	Silice	0.048
Matières organiques . . .	traces.	Matières organiques . . .	traces.

Poids des combinaisons anhydres, les carbonates étant à l'état de carbonates neutres.	0.701	Total, non compris l'acide carbonique libre.	1.018
		Total, y compris l'acide carbonique libre.	1.718

Les résultats 0ᵍ692 et 0ᵍ701 qui représentent les poids des sels neutres peuvent être considérés comme identiques, et si on tient compte de la différence dans le mode de représentation des résultats de l'analyse, on trouve que les dosages de 1878 accusent seulement une proportion un peu plus faible de bicarbonate de soude et de chlorure de sodium et au contraire un léger excédant de bicarbonates terreux. Nous avons de plus constaté la présence de la lithine en faible quantité.

En somme, minéralisation faible, mais proportion notable d'acide carbonique et de fer, telle est la caractéristique de ces eaux. Elles jouissent d'une grande réputation aux environs d'Arlanc et, d'après M. Nivet, elles sont utilement employées contre la chlorose, l'anémie et les affections atoniques du tube digestif. M. Bravard-Deriols les a conseillées avec succès dans d'autres cas fort nombreux, entre autres les scrofules, les affections calculeuses, les fièvres intermittentes anciennes, la leucorrhée.

La source qui coulait autrefois en plein champ est, depuis 1852, aménagée dans une construction et l'eau s'écoule par des robinets placés à différentes hauteurs. De plus, un établissement de bains d'eau minérale et d'eau de rivière a été adjoint à la fontaine.

AUGNAT

Les bords de la Couze d'Ardes, sur le territoire de la commune d'Augnat, sont remplis de suintements d'eau minérale ferrugineuse, parmi lesquels on distingue trois sources plus importantes qu'on appelle *Eaux de Barrège,* du nom du moulin qu'elles avoisinent. Elles sortent de rochers granitiques. La première se trouve sur le bord de la route d'Ardes et sur la rive droite du ruisseau; la seconde, vis-à-vis, sur la rive gauche, et la troisième à 50 mètres en aval des précédentes, également sur la rive gauche.

Ces eaux sont limpides, très-gazeuses, acidules avec un arrière-goût alcalin et ferrugineux.

Leurs températures sont respectivement 11°, 14° et 18°.

L'analyse nous a donné les résultats suivants qui montrent une grande analogie dans les trois sources :

COMPOSITION RAPPORTÉE A 1 LITRE.

	No 1. Rive droite.	No 2. Rive gauche.	No 3. Rive gauche.
Acide carbonique	3^{g}444	3^{g}093	3^{g}356
— sulfurique	0.032	0.025	0.035
— silicique	0.110	0.110	0.110
— phosphorique	traces.	traces.	traces.
— arsénique	traces.	traces.	traces.
Chlore	0.384	0.346	0.422
Potasse	0.090	0.080	0.100
Soude	0.968	0.919	1.025
Lithine	0.012	0.012	0.012
Chaux	0.275	0.210	0.295
Magnésie	0.090	0.080	0.112
Protoxyde de fer	0.020	0.018	0.020
Matières organiques	traces.	traces.	traces.
Poids des combinaisons anhydres, les carbonates étant à l'état de carbonates neutres	2.730	2.470	2.926
Acide carbonique libre	1^{g}650	1^{g}600	1^{g}580
Bicarbonate de soude	1.759	1.699	1.816
— potasse	0.191	0.170	0.213
— chaux	0.707	0.540	0.758
— magnésie	0.288	0.256	0.358
— fer	0.044	0.040	0.044
Sulfate de soude	0.057	0.044	0.062
Phosphate de soude	traces.	traces.	traces.
Chlorure de sodium	0.586	0.524	0.649
— de lithium	0.034	0.034	0.034
Arséniate de soude	traces.	traces.	traces.
Silice	0.110	0.110	0.110
Matières organiques	traces.	traces.	traces.
Total, non compris l'acide carbonique libre	3.796	3.417	4.034
Total, y compris l'acide carbonique libre	5.446	5.017	5.614

Une analyse de la source n° 1, par M. Nivet, en 1846,

contient des chiffres très-rapprochés des précédents, ce qui montre une certaine constance dans la composition de ces eaux minérales.

Nous signalerons en particulier une proportion relativement considérable de lithine qui se rapproche des doses les plus fortes trouvées dans les eaux d'Auvergne.

Les eaux de Barrège sont fréquentées par les personnes atteintes de chlorose et d'anémie ou dont les digestions sont pénibles. On les utilise aussi comme eaux de table.

AURIÈRES

A un kilomètre au nord-ouest de la commune d'Aurières, et de chaque côté du moulin de Neuville, se rencontrent deux sources d'eau minérale. L'une au-dessus du moulin, porte le nom de *Font-Salade ;* l'autre, au-dessous, est appelée par opposition source *non salée.*

1° Source de Font-Salade.

L'eau de la source Font-Salade est froide et peu abondante, sa saveur est acidule puis amère, aussi est-elle peu agréable et peu fréquentée par les habitants d'Aurières, de Neuville, ou des domaines voisins. Elle bouillonne par le dégagement de l'acide carbonique et on exprime ce fait, si fréquent dans les eaux minérales du Puy-de-Dôme, en disant qu'elle *bourboule,* tandis que la source *non salée* ne *bourboule* pas. Ne faut-il pas voir dans l'harmonie imitative que produit cette expression, la raison du nom donné à une de nos importantes stations thermales ?

L'eau de Font-Salade est fort peu minéralisée, comme le montre l'analyse suivante :

COMPOSITION RAPPORTÉE A 1 LITRE.

Acide carbonique.	0ᵍ689	Acide carbonique libre. . .	0ᵍ580
— sulfurique.	traces.	Bicarbonate de soude. . .	0.052
— silicique.	0.035	— potasse. .	traces.
Chlore.	0.006	— chaux. . .	0.072
Potasse . . . , ...	traces.	— fer	0.009
Soude	0.028	Sulfate de soude.	traces.
Chaux	0.028	Chlorure de sodium. . . .	0.010
Magnésie.	0.015	Silice	0.035
Protoxyde de fer. . . .	0.004	Matières organiques. . . .	traces.
Matières organiques. . . .	traces.		
Poids des combinaisons anhydres, les carbonates étant à l'état de carbonates neutres.	0.160	Total, non compris l'acide carbonique libre	0.226
		Total, y compris l'acide carbonique libre.	0.806

2° Source non salée.

La seconde source pourrait être prise pour une eau douce, n'était l'acide carbonique et les traces de fer qu'elle contient. C'est ce que montrent les résultats suivants :

COMPOSITION RAPPORTÉE A 1 LITRE.

Acide carbonique	0ᵍ209	Acide carbonique libre. .	0ᵍ175
— sulfurique.	traces.	Bicarbonate de soude. . . }	
— silicique.	0.030	— potasse. . }	0.013
Chlore.	0.004	— chaux . . .	0.023
Potasse . . . . }		— magnésie .	0.019
Soude . . . . }	0.008	— fer.	traces.
Chaux	0.009	Sulfate de soude.	traces.
Magnésie.	0.006	Chlorure de sodium. . . .	0.006
Protoxyde de fer	traces.	Silice.	0.030
Matières organiques. . . .	traces.	Matières organiques. . . .	traces.
Poids des combinaisons anhydres, les carbonates étant à l'état de carbonates neutres.	0.070	Total, non compris l'acide carbonique libre	0.091
		Total, y compris l'acide carbonique libre	0.266

BEAUREGARD-VANDON

Les eaux minérales de la commune de Beauregard-Vandon sont appelées *eaux de Rouzat*, du nom du domaine où elles sourdent et où M. de Lauzanne a créé un établissement thermal.

Rouzat est situé à 7 kilomètres au nord de Riom, sur le versant est de la chaîne des monts Dômes, à une altitude d'environ 400ᵐ. L'établissement se compose de deux corps de bâtiments séparés par une vaste cour ; le premier est un hôtel à l'usage des baigneurs, le second est l'établissement thermal proprement dit. Il comprend dix cabinets de bains, trois cabinets de douches et deux piscines.

Chaque baignoire est alimentée par deux robinets, l'un qui fournit de l'eau minérale venant directement de la source et l'autre de l'eau minérale chauffée à 60°, ce qui permet de régler à volonté la température des bains. La même disposition est adoptée dans les cabinets de douches où le mélange des eaux, préparé dans un bassin spécial, peut tomber d'une hauteur variable à partir de 3 mètres.

Deux cabinets de bains sont disposés pour administrer des douches ascendantes vaginales ou rectales.

On rencontre à Rouzat quatre sources : la source du *Grand-Puits*, qui alimente l'établissement ; la source *ferrugineuse et gazeuze des Vignes*, qui est une eau de table, et deux autres, la source de *la Cour* et celle *du Chemin*, que nous avons analysées pour compléter l'histoire des eaux de Rouzat.

1° Source du Grand-Puits.

Elle est captée dans un vaste puits cylindrique de 7 mètres de profondeur sur 2 mètres de diamètre, dans la partie nord de l'hôtel.

Son débit est de 200 litres par minute et sa température 31°.

Vue en masse, l'eau paraît trouble ; elle a une saveur un peu saumâtre et alcalescente sans être désagréable, à cause sans doute de l'acide carbonique libre qu'elle contient ; le gaz la fait vivement bouillonner dans le puits.

Sa composition a été l'objet d'un grand nombre de recherches de la part de MM. Nivet (1845), O. Henry (1846), J. Lefort (1859), Terreil (1862). Les analyses des deux derniers sont très-concordantes et nous ne transcrirons ici que la plus récente due à M. Terreil.

Acide carbonique libre. . . .	0^{g}648
Bicarbonate de soude. . . .	0.140
— de chaux. . . .	1.122
— de magnésie. . .	0.896
Chlorure de sodium.	0.994
— de potassium	0.033
Iodures alcalins.	traces.
Sulfate de soude.	0.298
— de potasse.	0.039
Sels de lithine.	traces très-sensibles.
Carbonate de fer.	
Crénate et apocrénate de fer. .	
Phosphates de fer et de chaux.	0.014
Arséniates de fer et de chaux.	
Strontiane (à l'état de carbonate).	traces.
Silice.	0.111
Matières organiques azotées. .	traces.

Quelques déterminations que nous avons faites, en 1878, de la chaux, de la magnésie, de la soude et du chlore, nous ont fourni des résultats tout à fait analogues à ceux obtenus par MM. J. Lefort et Terreil. Il faut donc admettre que la composition de l'eau de Rouzat n'a pas varié depuis 1859.

Ajoutons que M. J. Lefort y a dosé 0^{g}006 de sulfate de strontiane, 0^{g}019 de phosphate de soude et nous-même 0^{g}010 de chlorure de lithium.

M. Terreil a de plus analysé les dépôts produits par la source du Grand-Puits et a obtenu les résultats suivants :

Carbonate de chaux.	5^{g}92
— de magnésie. . . .	0.83
— de protoxyde de fer. .	5.79
Phosphate de fer.	3.04
Arséniate de fer.	0.77
Peroxyde de fer.	49.72
Alumine	traces.
Sels alcalins solubles.	0.65
Silice et argile.	17.73
Matière organique azotée. . . .	traces.
Eau de combinaison.	15.55
	100.00

2° Source ferrugineuse et gazeuse des Vignes.

La source des Vignes, située au nord et à une centaine de mètres de l'établissement, est aménagée dans une construction en pierres. L'eau est limpide, incolore, d'une saveur piquante et légèrement styptique. C'est une eau de table agréable que les baigneurs consomment sur place et que l'on exporte dans les localités voisines.

Chose curieuse, la composition de cette eau ne diffère pas

sensiblement de celle du Grand-Puits, et pourtant leurs
propriétés sont bien différentes ; mais tandis que celle-ci
possède une température de 31°, la source des Vignes est
froide et ne dépasse pas la température de 13°5.

Voici, d'après M. Terreil, l'analyse de la source des Vignes
et celle des dépôts qu'elle abandonne :

COMPOSITION DE L'EAU RAPPORTÉE A 1 LITRE.

Acide carbonique libre. . . .	0g700
Bicarbonate de soude. . . .	0.157
— de chaux. . . .	1.265
— de magnésie. . .	0.812
Chlorure de sodium.	0.976
— de potassium. . . .	0.042
Sulfate de soude.	0.193
— de potasse.	0.049
Sels de lithine.	traces très-sensibles.
Carbonate de fer.	
Crénate et apocrénate de fer.	
Phosphates de fer et de chaux.	0.013
Arséniates de fer et de chaux.	
Alumine.	
Strontiane (à l'état de carbonate).	traces.
Silice.	0.152
Matières organiques azotées. . .	traces.

Nous y avons trouvé 0g010 de chlorure de lithium, comme
dans l'eau du Grand-Puits.

COMPOSITION DES DÉPÔTS.

Carbonate de chaux..	12g32
— de magnésie. . . .	0.88
— de protoxyde de fer. .	traces.
Phosphate de fer.	2.42
A reporter.	15.62

Report. 15.62

Arséniate de fer.	0.37
Peroxyde de fer.	21.35
Alumine	traces.
Sels alcalins solubles. . . .	0.56
Silice et argile.	49.33
Matière organique azotée. . .	traces.
Eau de combinaison.	13.27
	100.00

3° Source de la Cour.

La source de la Cour consiste en un puits situé près du bâtiment de l'hôtel, à l'extrémité opposée à celle du Grand-Puits. L'eau ne jaillit pas, mais reste à un niveau constant, à 2 mètres au-dessous du sol.

Cette source n'a pas encore été utilisée. Sa composition est représentée par l'analyse suivante que nous en avons faite et qui montre son analogie avec les précédentes :

COMPOSITION RAPPORTÉE A 1 LITRE.

Acide carbonique.	1ᵍ525	Acide carbonique libre. .	0ᵍ410
— sulfurique	0.165	Bicarbonate de soude . . .	0.114
— silicique.	0.105	— potasse . .	0.223
— phosphorique. . . .	0.006	— chaux. . .	0.823
— arsénique.	traces.	— magnésie .	0.634
Chlore.	0.550	— fer.	0.029
Potasse	0.105	Sulfate de soude.	0.293
Soude	0.640	Phosphate de soude. . . .	0.012
Lithine	0.003	Chlorure de sodium. . . .	0.893
Chaux.	0.320	— de lithium. . . .	0.010
Magnésie	8.198	Arséniate de soude. . . .	traces.
Protoxyde de fer. . . .	0.013	Silice.	0.105
Matières organiques. . . .	traces	Matières organiques. . . .	traces.
Strontiane.	traces.	Sulfate de strontiane. . . .	traces.
Poids des combinaisons anhydres, les carbonates étant à l'état de carbonates neutres.	2.542	Total, non compris l'acide carbonique libre.	3.136
		Total, y compris l'acide carbonique libre.	3.546

4° Source du Chemin.

La source du Chemin, à 100 mètres au nord-ouest de l'établissement, sort de la terre des Sagnes et s'écoule dans un chemin. Il n'y a aucune installation et cette source n'a jamais été exploitée.

Sa température est de 17°8 et ne varie pas sensiblement : sa saveur est acidule et saline ; elle ne bouillonne pas sous l'influence de l'acide carbonique.

Voici les résultats que nous a fournis son analyse :

COMPOSITION RAPPORTÉE A 1 LITRE.

Acide carbonique.	1^g577	Acide carbonique libre. . .	0^g370
— sulfurique.	0.170	Bicarbonate de soude . . .	0.133
— silicique.	0.108	— potasse . .	0.208
— phosphorique. . . .	0.006	— chaux. . .	0.938
— arsénique.	traces.	— magnésie .	0.662
Chlore.	0.512	— fer. . . .	0.033
Potasse.	0.098	Sulfate de soude.	0.302
Soude.	0.618	Phosphate de soude. . . .	0.012
Lithine.	0.003	Chlorure de sodium . . .	0.830
Chaux.	0.365	— de lithium. . .	0.010
Magnésie	0.207	Arséniate de soude. . . .	traces.
Protoxyde de fer	0.015	Silice	0.108
Matières organiques . . .	traces.	Matières organiques . . .	traces.
Strontiane.	traces.	Sulfate de strontiane. . .	traces.
Poids des combinaisons anhydres, les carbonates étant à l'état de carbonates neutres.	2.595	Total, non compris l'acide carbonique libre. . . .	3.236
		Total, y compris l'acide carbonique libre. . . .	3.606

Nul doute que ces deux dernières sources, qui ont sensiblement la même composition que les deux autres, ne soient utilement exploitées si le besoin s'en faisait sentir.

L'action des eaux de Rouzat a été longtemps et minutieusement étudiée par le docteur Lacaze, prédécesseur de M. le docteur Fenolhac, médecin inspecteur actuel.

D'après ce praticien, les personnes chlorotiques ou anémiques se trouvent bien de l'usage interne, qui rétablit l'activité gastrique. Prises en bains ou en boissons, ces eaux sont efficaces contre les rhumatismes, les névralgies, les dyspepsies, les métrites utérines et les maladies scrofuleuses.

Par contre, suivant le même docteur Lacaze, il y a contreindications dans toutes les maladies aiguës, fébriles ou non, dans les affections chroniques à leur période d'activité trop voisine de l'état aigu.

On a pu remarquer dans la composition des eaux de Rouzat une forte proportion de carbonate de chaux: elles peuvent donc être utilisées comme eaux incrustantes et, en effet, un établissement qui préparait des incrustations a été établi et a fonctionné avec succès. Il a été détruit il y a quelques années. Ajoutons pour terminer que les thermes de Rouzat ont été exploités anciennement, comme en témoignent les fouilles exécutées par M. de Lauzanne et les objets d'origine romaine qu'elles ont mis au jour. En creusant le sol à une profondeur de 10 mètres environ pour capter et aménager les nouvelles sources retrouvées, on a découvert des médailles, des ornements, des chapiteaux, des statues et une vaste piscine, qui ne laissent aucun doute sur l'existence d'une ancienne station thermale à l'époque romaine.

BEAULIEU

A 800 mètres au sud-est de la commune de Beaulieu,
dans le canton de Saint-Germain-Lembron, et à 100 mètres
au sud du château de la Roche, sur la rive gauche de
l'Allagnon, on rencontre une source d'eau minérale très-
estimée depuis longtemps dans les environs.

Elle est peu abondante; sa température est 12° et elle
possède une saveur acidule puis alcaline. Elle est très-
gazeuse, circonstance qui la rend agréable comme eau de
table.

On dit que la source de Beaulieu est intermittente, qu'elle
paraît au printemps pour disparaître en automne. La vérité
est que son débit est considérablement diminué sans être
nul pendant l'hiver.

M. Nivet, qui a fait de cette eau une analyse approxima-
tive, en 1845, a obtenu les résultats suivants :

Bicarbonate de soude.	2ᵍ545
Sulfate de soude.	0.166
Chlorure de sodium.	0.083
Sels de potasse.	traces.
Bicarbonate de magnésie. . .	0.091
— de fer.	0.028
— de chaux.	0.316
Silice.	0.065
Matière organique.	traces.
Perte.	0.031
Total.	3.225

Voici les chiffres que nous a fournis cette même source
en 1877 :

COMPOSITION RAPPORTÉE A 1 LITRE.

Acide carbonique	4ᵍ100	Acide carbonique libre. .	1ᵍ820
— sulfurique	0.104	Bicarbonate de soude . . .	2.704
— silicique	0.100	— potasse . .	0 223
— phosphorique	traces.	— chaux. . .	0.940
Chlore	0.064	— magnésie .	0.275
Potasse	0.105	— fer.	0.009
Soude	1.133	Sulfate de soude.	0.185
Lithine	0.003	Phosphate de soude. . . .	traces.
Chaux	0.369	Chlorure de sodium. . . .	0.105
Magnésie	0.086	— de lithium. . . .	0.008
Protoxyde de fer	0.004	Silice	0.100
Matières organiques. . . .	traces.	Matières organiques. . . .	traces.
Poids des combinaisons anhydres, les carbonates étant à l'état de carbonates neutres	8.102	Total, non compris l'acide carbonique libre	4.558
		Total, y compris l'acide carbonique libre	6.378

Comme on le voit par ces deux analyses, l'eau de Beaulieu
est ferrugineuse et bicarbonatée sodique. Si, comme l'a
prétendu Monnet, elle purge certains sujets, il faut attribuer cet effet à la présence de l'acide carbonique en forte
proportion. Selon le même praticien, elle est utilement
employée dans les fièvres intermittentes et dans la
chlorose.

M. le docteur Nivet estime qu'on pourrait, de plus,
la prescrire aux goutteux, aux graveleux et aux calculeux.

BESSE

Nous avons rencontré quatre sources d'eau minérale sur le territoire de la ville de Besse :

La source de *la Villetour ;*
La source des *Rochers de Berthaire ;*
La source *Thérèse ;*
La source du *Pont-Scarot.*

La première seule a été signalée et décrite, mais non analysée ; les trois autres nous ont été indiquées par des habitants qui en font un fréquent usage comme boisson pendant l'été.

1° Source de la Villetour.

« Av voysinage d'vne petite ville d'Auuergne, prochaine
» des Monts-Dore, nommée Besse, composée d'habitans
» aussi ciuils et honorables qu'il s'en puisse trouuer en lieu
» de toute la prouince ; et adiencée de commoditez et
» prouisions pour l'ayde de la vie et du séiour, autant
» qu'on peut en auoir besoing en maladie ; il se trouue vne
» source d'eau froide naturelle, qui part d'vn petit rocher
» en vn pendant tout prochain de la riuière de Valeton, en
» belle sortie de la ville, par des prairies, et seulement
» distante d'vne arquebuzade de la dicte ville. Elle me fut
» montrée fortuitement sur le discours qu'on me fit de
» quelques maladies inuétérées et rebelles qui y auraient
» esté guéries (1). »

(1) Jean Banc. 89, p. 2. 1605.

BESSE

Jean Banc qui s'exprimait ainsi, en 1605, avait engagé les habitants de Besse à bâtir une sorte de puits autour de cette source, qu'il estimait « des plus spiritueuses et actives. »

Depuis, l'eau de la Villetour a été successivement recommandée ou étudiée par Duclos, Chomel, Pissis, intendant des eaux minérales d'Auvergne, Bassin, médecin des eaux minérales de Clermont-Ferrand, et Francon. Elle est signalée dans le dictionnaire de M. Nivet (1).

La source se trouve sur la rive droite de la Couze de Besse, à peu de distance du faubourg de la Villetour et vis à vis une petite chapelle qui porte le même nom. Elle s'échappe au-dessous d'une coulée de lave (Lecoq) et se déverse dans le ruisseau en produisant un dépôt ocreux.

Le débit n'est que de quelques litres par minute.

Sa température a été trouvée de 8°6. Son altitude est 1,080 mètres.

Une petite construction en maçonnerie l'enferme et son propriétaire, qui habite la Villetour, livre l'eau à 5 centimes la bouteille.

L'analyse nous a donné les résultats suivants :

(1) Nivet. Dictionnaire des eaux minérales du Puy-de-Dôme, page 22. 1845.

COMPOSITION RAPPORTÉE A 1 LITRE.

Acide carbonique.	1ᵍ650	Acide carbonique libre. .	1ᵍ102
— sulfurique	0.003	Bicarbonate de soude . . .	0.195
— silicique	0.060	— potasse . . traces.	
— phosphorique. . . .	traces.	— chaux. . .	0.468
— arsénique.	traces.	— magnésie .	0.211
Chlore	traces.	— fer	0.026
Potasse	traces.	Sulfate de soude	0.005
Soude	0 074	Phosphate de soude. . . .	traces.
Chaux.	0.182	Chlorure de sodium. . . .	traces.
Magnésie	0.066	Arséniate de soude. . . .	traces.
Protoxyde de fer. . . .	0.011	Silice.	0.060
Matières organiques. . .	traces.	Matières organiques . . .	traces.

Poids des combinaisons anhydres, les carbonates étant à l'état de carbonates neutres.	0.670	Total, non compris l'acide carbonique libre.	0.965
		Total, y compris l'acide carbonique libre.	2.067

Ces chiffres indiquent une minéralisation relativement faible et en font une eau *bicarbonatée ferrugineuse froide*. La proportion d'acide carbonique libre est assez forte et contribue à donner à l'eau de la Villetour une saveur acidule agréable.

Enfin, il faut remarquer l'absence à peu près complète de chlorure de sodium, de même que pour les trois sources suivantes, fait assez rare quand il s'agit des eaux minérales du Puy-de-Dôme.

Si l'analyse de l'eau de la Villetour n'avait pas été faite jusqu'à présent, Chomel (1) a pourtant déterminé, en 1734, la quantité totale des sels qu'elle contient. Six litres d'eau lui ont donné « une dragme de résidence terreuse et peu saline,» ce qui correspond sensiblement à 0ᵍ666 par litre. Il est curieux qu'à un siècle et demi de distance la même

(1) *Traité des Eaux minérales*, etc., p. 341. Clermont-Ferrand 1734.

3

source nous ait fourni un poids, 0ᵍ670, que l'on peut regarder comme identique à celui trouvé par Chomel.

2° Source des Rochers de Berthaire.

A une distance d'environ 1,200 mètres de la source de la Villetour, dans la même vallée et sur le bord du même ruisseau, on rencontre une autre source ferrugineuse qui n'est guère plus abondante que la précédente.

Sa température est de 8°3 et son altitude de 1,110 mètres.

Elle sort du pied des rochers qui bordent à l'est le domaine de Berthaire, ce qui lui a valu le nom sous lequel on nous l'a désignée.

Elle se mêle immédiatement à l'eau du ruisseau, sur la rive droite duquel elle se trouve, tout en laissant autour d'elle une grande quantité de dépôt ferrugineux.

Sa composition est représentée dans le tableau suivant qui reproduit notre analyse.

COMPOSITION RAPPORTÉE A 1 LITRE.

Acide carbonique.....	2ᵍ630	Acide carbonique libre.. 2ᵍ173
— sulfurique......	0.004	Bicarbonate de soude... 0.143
— silicique......	0.050	— potasse.. traces.
— phosphorique....	traces.	— chaux... 0.339
— arsénique......	traces.	— magnésie. 0.185
Chlore...........	traces.	— fer..... 0.086
Potasse..........	traces.	Sulfate de soude...... 0.007
Soude...........	0.056	Phosphate de soude.... traces.
Lithine..........	traces.	Chlorure de sodium.... traces.
Chaux..........	0.132	— lithium.... traces.
Magnésie.........	0.058	Arséniate de soude..... traces.
Protoxyde de fer.....	0.038	Silice 0 050
Matières organiques....	traces.	Matières organiques.... traces.
Poids des combinaisons anhydres, les carbonates étant à l'état de carbonates neutres......	0.566	Total, non compris l'acide carbonique libre.... 0 810 Total, y compris l'acide carbonique libre..... 2.983

L'eau des Rochers de Berthaire est donc une eau *ferrugineuse bicarbonatée froide*.

Elle a de grandes analogies avec la précédente ; toutefois elle contient en proportion plus forte deux éléments importants, le fer et l'acide carbonique. Elle renferme une quantité telle de bicarbonate de fer que ce sel indique sa vraie dominante, et d'autre part l'acide carbonique libre qu'elle tient en dissolution, à la dose de plus de 2 grammes, en fait en quelque sorte une *eau carbonique* (1) et nous la désignerions volontiers sous le nom d'*eau ferrugineuse carbonique*.

En juillet 1877, on voyait aux abords de la source de nombreux cadavres de vers, de limaçons et même de grenouilles que l'acide carbonique avait asphyxiés.

3° Source Thérèse.

En continuant à remonter le ruisseau ou Couze de Besse, on trouve sur ce même domaine de Berthaire, appartenant à M. Aubergier, une autre source minérale des plus intéressantes, la source Thérèse, qui sort également du terrain volcanique. Elle est située à gauche de la Couze, à 120 mètres du ruisseau. L'altitude est 1,180 mètres.

L'eau, d'une limpidité parfaite, laisse échapper de grosses bulles d'acide carbonique, sans produire toutefois un bouillonnement considérable. Abandonnée à l'air, elle laisse dégager pendant longtemps de nombreuses et fines bulles de ce même gaz carbonique. Sa saveur est très-fortement acidule, et mêlée au vin elle produit une boisson des plus agréables. Sa température est 7°8.

(1) Voir ci-après, page 28, à propos des *eaux carboniques*.

L'analyse nous a fourni les résultats suivants :

COMPOSITION RAPPORTÉE A 1 LITRE.

Acide carbonique.	2ᵍ351	Acide carbonique libre . .	2ᵍ300
— silicique.	0.022	Bicarbonate de soude. . ⎫	
— phosphorique. . . .	indices	— potasse . ⎬	0.022
Chlore	traces	— chaux. . .	0.038
Potasse . . . . ⎫		— magnésie.	0.025
Soude . . . . ⎭	0.008	— fer	traces.
Chaux	0 015	Phosphate de soude. . . .	indices
Magnésie.	0 008	Chlorure de sodium. . . .	traces.
Protoxyde de fer. . . .	traces.	Silice.	0 022

Poids des combinaisons anhydres, les carbonates étant à l'état de carbonates neutres.	0.079	Total, non compris l'acide carbonique libre	0.107
		Total , y compris l'acide carbonique libre.	2.407

Ce fait d'une minéralisation presque nulle avec une dose très-élevée d'acide carbonique nous a frappé. De son côté, M. Finot a rencontré à Royat (1) une eau présentant des caractères analogues que nous avons retrouvés ensuite dans l'eau de *la Fayolle*, à St-Amant-Roche-Savine (voir ce mot), dans l'eau de *Ste-Marguerite,* au Mont-Dore et dans quelques autres.

Nous avons pensé qu'il y avait là une nouvelle classe d'eaux minérales à considérer et nous proposons de les appeler *eaux carboniques*, pour les distinguer des *eaux bicarbonatées* dont elles diffèrent essentiellement par la minéralisation.

Il est certain que les eaux minérales, dites *de table,* dont l'usage se répand de plus en plus, ne sont aussi agréables et aussi efficaces que parce qu'elles renferment une pro-

(1) La source Vercingétorix qui avait été trouvée dans une carrière et qui a disparu à la suite d'un éboulement.

portion relativement grande d'acide carbonique libre. Il serait aisé d'ailleurs d'en donner la preuve en comparant certaines analyses ; on trouverait, par exemple, que telle eau, agréable à boire mêlée au vin, contient sensiblement les mêmes substances salines en dissolution que telle autre qui est lourde et indigeste, mais qu'elle renferme de plus que celle-ci de l'acide carbonique libre.

Les eaux *bicarbonatées* utilisées comme eaux de table sont nombreuses ; nous en signalons dans ce dictionnaire de fort appréciées et en dehors de l'Auvergne tout le monde connaît celles de St-Galmier, de Condillac, de Seltz ; mais toutes sont douées d'une minéralisation plus ou moins considérable, variant de 2 à 4 grammes par litre et dépassant même ce dernier chiffre. Les eaux *carboniques* du Puy-de-Dôme, dont la source Thérèse est jusqu'à présent le plus remarquable exemple, ne renferment guère que de l'acide carbonique.

Cette quantité de gaz libre, 2^g300, que contient la source Thérèse est un peu plus considérable que celle qui saturerait l'eau à la température de 7°8 et à la pression de 0^m622 qui a été observée lors de la détermination sur place de cet acide carbonique. En effet, un litre d'eau ne dissout dans ces circonstances que 1 lit. 129, correspondant à 2^g210.

Cela tient à ce que l'eau provient d'une certaine profondeur où elle était soumise, par suite de son propre poids, à une pression plus grande que la pression atmosphérique et où elle dissolvait par conséquent une quantité de gaz plus considérable. Arrivée à la surface du sol elle perd cet excès de gaz, mais l'équilibre exige un temps assez long pour s'établir, ce qui explique la sursaturation de l'eau à la source.

En résumé, la source Thérèse est le type d'un nouveau

genre d'eaux minérales que nous avons signalées de concert avec M. Finot. Elles constituent des eaux de table fort agréables, qui n'ont ni l'inconvénient des eaux à minéralisation forte, ni celui des eaux artificielles trop chargées de gaz comprimé qui gonfle et affadit.

4° Source du Pont-Scarot.

Lorsqu'on suit la route de Besse à Egliseneuve-d'Entraigues, après avoir dépassé de deux kilomètres environ le lac Pavin, on trouve à cinquante pas de la route, sur le bord du ruisseau, plusieurs sources très-voisines les unes des autres. La principale est souvent visitée dans la belle saison par les passants et les fermiers des environs, qui la boivent en la puisant au moyen d'une feuille de gentiane roulée en cornet. On la connaît sous le nom de source du *Pont-Scarot*. Elle a une altitude de 1,240 mètres et sa température est de 7°2.

On pourrait la ranger dans la catégorie des *eaux carboniques*, comme le montre l'analyse suivante que nous en avons faite :

COMPOSITION RAPPORTÉE A 1 LITRE.

Acide carbonique	2ᵍ050	Acide carbonique libre		1ᵍ932
— sulfurique	traces.	Bicarbonate de soude		0.068
— silicique	0.070	— potasse		traces.
— phosphorique	indices	— chaux		0.087
Chlore	traces.	— magnésie		0 045
Potasse	traces.	Sulfate de soude		traces.
Soude	0.025	Phosphate de soude		indices
Chaux	0.038	Chlorure de sodium		traces.
Magnésie	0.014	Silice		0.070
Matières organiques	traces.	Matières organiques		traces.
Poids des combinaisons anhydres, les carbonates étant à l'état de carbonates neutres	0.205	Total, non compris l'acide carbonique libre		0.270
		Total, y compris l'acide carbonique libre		2.202

Elle ne contient guère, en effet, que les éléments que l'on rencontre dans une bonne eau potable, sauf une quantité assez grande d'acide carbonique qui la rend acidule.

Elle mériterait d'être captée et protégée contre les dégradations que cause le bétail. Nul doute qu'on ne puisse réunir facilement plusieurs des filets éparpillés autour de la source principale.

BIOLLET

A deux kilomètres à l'est de Biollet, commune du canton de St-Gervais, on rencontre au hameau du Prat, à une altitude d'environ 700 mètres, une source minérale qui jaillit d'un rocher granitique dans un communal non loin d'un petit ruisseau.

L'eau est froide, assez abondante, d'une saveur aigrelette. Elle dégage de nombreuses bulles d'acide carbonique.

Exposée à l'air, elle dépose des flocons d'oxyde de fer et se recouvre d'une couche irisée contenant aussi de l'oxyde de fer.

Mise en bouteille, elle conserve fort bien en dissolution le fer qu'elle contient, grâce à la grande proportion d'acide carbonique qu'elle renferme.

Son analyse nous a donné les résultats suivants :

COMPOSITION RAPPORTÉE A 1 LITRE.

Acide carbonique	2ᵍ282	Acide carbonique libre		1ᵍ780
— sulfurique	traces.	Bicarbonate de soude		0 284
— silicique	0.055	—	potasse	traces.
— phosphorique	0.006	—	chaux	0.334
— arsénique	traces.	—	magnésie	0.192
Chlore	0.008	—	fer	0.031
Potasse	traces.	Sulfate de soude		traces.
Soude	0.112	Phosphate de soude		0.012
Lithine	traces.	Chlorure de sodium		0.013
Chaux	0.130	—	lithium	traces.
Magnésie	0.060	Arséniate de soude		traces.
Protoxyde de fer	0 014	Silice		0.055
Matières organiques	traces.	Matières organiques		traces.

Poids des combinaisons anhydres, les carbonates étant à l'état de carbonates neutres	0.640	Total, non compris l'acide carbonique libre . . . . 0.921 Total, y compris l'acide carbonique libre 2.701

Mais cette source n'est pas captée et il est à craindre qu'elle ne soit mélangée d'un peu d'eau douce. Toutefois, la grande quantité d'acide carbonique que nous y avons dosée permet de supposer que ce mélange d'eau douce n'est pas considérable.

En tout cas on ne peut admettre, comme quelques personnes le prétendent à Biollet, que l'eau du Prat ait quelque analogie avec celle de la Bourboule : elle renferme dix fois moins de sels en dissolution.

Elle n'en est pas moins très-intéressante, soit comme eau de table fort agréable, soit comme eau médicinale : le fer, le phosphore et l'arsenic qu'elle contient à des doses diverses lui donnant évidemment des propriétés précieuses qu'il conviendrait d'expérimenter.

BOUDES

À 5 kilomètres au sud de la commune de Boudes, canton de St-Germain-Lembron, et près du hameau de Bard, se rencontrent plusieurs sources dont la plus importante porte le nom de *Source de Bard* et a été étudiée, dès 1768, par Monnet, médecin de Champeix.

L'eau de Bard a une température de 17°5, sa saveur est piquante, acidule. Récemment puisée, elle dégage de nombreuses bulles d'acide carbonique, puis elle se trouble et acquiert une saveur alcaline désagréable. Elle abandonne un sédiment ferrugineux autour de la source.

M. Nivet a obtenu, en 1844, de l'analyse de cette eau, les résultats suivants :

Bicarbonate de soude.	2ᵍ455
Sulfate de soude.	0.080
Chlorure de sodium.	0.951
Sels de potasse.	traces.
Bicarbonate de magnésie. . .	0.228
— de fer.	0.041
— de chaux	0.977
Silice.	0.110
Matière organique	traces.
Perte	0.109
Total des sels par litre d'eau.	4ᵍ951

Ces chiffres se rapprochent de ceux que nous a donnés une nouvelle analyse exécutée en 1878.

COMPOSITION RAPPORTÉE A 1 LITRE.

Acide carbonique.	3g118	Acide carbonique libre.	0g915
— sulfurique	0.055	Bicarbonate de soude.	2.499
— silicique	0.100	— potasse	0.123
— phosphorique.	traces·	— chaux.	0.997
— arsénique.	traces.	— magnésie.	0.282
Chlore.	0.560	— fer.	0.048
Potasse	0.058	Sulfate de soude.	0.097
Soude.	1.345	Phosphate de soude.	traces.
Lithine.	traces.	Chlorure de sodium.	0.923
Chaux.	0.388	— de lithium.	traces.
Magnésie	0.088	Arséniate de soude.	traces.
Protoxyde de fer.	0.022	Silice.	0.100
Matières organiques	traces.	Matières organiques.	traces.
Poids des combinaisons anhydres, les carbonates étant à l'état de carbonates neutres.	3.690	Total, non compris l'acide carbonique libre.	5.069
		Total, y compris l'acide carbonique libre.	5.984

Cette composition témoigne d'une valeur thérapeutique certaine. On emploie, en effet, les eaux de Bard dans les fièvres intermittentes rebelles et les engorgements consécutifs.

M. Nivet estime qu'on peut les prescrire aux chlorotiques, aux individus affectés de maladies asthéniques du tube digestif, de goutte ou de gravelle.

Elles purgent, dit-on, quelques personnes ; mais c'est ce qui arrive plus ou moins pour toutes les eaux minérales chargées d'acide carbonique et il ne faut sans doute pas attribuer aux eaux de Bard une action spéciale.

LA BOURBOULE

Le hameau de la Bourboule dépendait, il y a quelques années, de Murat-le-Quaire, mais l'importance que lui ont donnée ses thermes l'ont fait ériger en commune spéciale.

La Bourboule possède des eaux minérales qui, selon l'expression de M. J. Lefort (1), occupent dans la médecine thermale « une place unique au monde » et cette place elles la doivent, sans aucun doute, à leur thermalité et à une minéralisation qui comprend l'arsenic à dose relativement très-élevée.

Ces eaux jaillissent actuellement sur les deux rives de la Dordogne, à une altitude de 850 mètres environ, et dans la même vallée de fracture qui a produit les sources thermales du Mont-Dore, à 7 kilomètres en amont.

Elles sourdent, soit du granite, soit du tuf ponceux qui recouvre cette roche primitive.

Les eaux minérales de la Bourboule paraissent avoir été connues à une époque reculée ; une ancienne fosse, d'origine romaine, découverte lors de la construction de l'établissement, et une voie romaine qui passait au Mont-Dore, ont fait penser à M. Lecoq que ces sources ont été utilisées autrefois en même temps que celles du Mont-Dore.

Duclos, Chomel et Lemonnier les ont signalées et décri-

---

(1) J. Lefort. *Nouvelles expériences sur l'arsenic de l'eau minérale de la Bourboule.* Clermont-Ferrand, 1876.

tes. Michel Bertrand a mis en évidence leurs principales
propriétés thérapeutiques, et, en 1828, M. H. Lecoq a publié
le premier travail analytique complet sur ces sources
thermales.

Elles étaient alors au nombre de six, toutes situées sur la
rive droite de la Dordogne. C'étaient les sources du *Grand-
Bain*, du *Petit-Bain* ou *Bagnassou*, des *Fièvres*, de la *Rotonde*
au nombre de deux et enfin du *Jardin*. Leur débit total ne
dépassait pas 50 litres par minute et était même réduit à
34 litr. 60 en 1863, d'après un jaugeage opéré par M. le
docteur Peyronnel, médecin inspecteur de la station.

Leur température variait de 25 à 49°.

En 1853, l'illustre Thénard détermina, dans plusieurs
sources des stations d'Auvergne, la proportion d'arsenic
qu'elles contenaient et qui avait été signalé auparavant par
Chevallier et Gobley au Mont-Dore et à Royat, ainsi que
par M. P. Bertrand à la Bourboule.

Voici les chiffres trouvés pour un litre de l'eau du Grand-
Bain :

Arsenic.	0ᵍ0085
Acide arsénique.	0.01302
Arséniate de soude anhydre. .	0.02009

On conçoit sans peine qu'un tel résultat, émanant de
Thénard, était de nature à faire la fortune de la Bourboule.

Les praticiens trouvaient là l'explication des effets obtenus par l'usage de ces eaux dans quelques affections, telles
que la scrofule, certaines maladies de la peau et surtout les
fièvres intermittentes paludéennes, affections que l'on
combat d'ordinaire au-moyen de préparations arsénicales.

Dix ans après cette importante découverte, M. J. Lefort fit de la Bourboule et de ses six sources minérales une étude complète et très-remarquable, insérée dans les *Annales de la Société d'hydrologie médicale de Paris* (1863). Nous ne reproduirons point les résultats consignés dans ce travail, par la raison que les sources analysées ont disparu à la suite de recherches faites soit pour réunir plusieurs griffons voisins, soit pour augmenter le volume du précieux liquide ; elles ont été remplacées par six autres sources dont la description représentera l'état actuel de la Bourboule. Toutefois, la question de l'arsenic ayant préoccupé à bon droit les chimistes, les médecins et les propriétaires des eaux, nous résumons ici les principaux résultats obtenus dans le dosage de cet élément.

On vient de voir que Thénard a trouvé 8 milligrammes et demi d'arsenic dans un litre d'eau du Grand-Bain. Dix ans plus tard, M. J. Lefort a obtenu les résultats suivants pour les quatre sources principales :

	Arsenic.
Source du Bagnassou. . . .	0^g00621
— du Grand-Bain. . . .	0.00535
— des Fièvres.	0.00304
—. de la Rotonde. . . .	0.00306

Il résulte de ces chiffres qu'une différence en moins d'environ 3 milligrammes existait pour l'eau du Grand-Bain. Mais il faut ajouter que dans l'intervalle la source analysée avait subi une transformation complète. Elle avait été changée de place vers 1857, afin d'augmenter son volume par la réunion de sept ou huit griffons qui existaient dans son voisinage; sa température avait descendu de 51° à 49°, et sa minéralisation, que M. Lecoq avait trouvée de 5^g996, n'était plus que de 5^g745.

En 1876, M. J. Lefort a opéré sur la source Perrière qui, avec la source Choussy, représente assez bien l'ancienne eau du Grand-Bain, mais avec une température plus élevée (55°), un débit plus considérable et une minéralisation moindre (5^{g}180). Il a trouvé, dans deux dosages concordants, les proportions d'arsenic suivantes :

1° 0^{g}00475 ;

2° 0^{g}00483.

Quelque temps auparavant, l'Ecole des mines avait constaté dans la source Choussy une quantité d'arsenic de 0^{g}0045 et dans la source Perrière 0^{g}0048, proportions sensiblement égales aux précédentes.

On peut dire, par conséquent, que vers 1875-76 l'eau de la Bourboule contenait un peu moins de 5 milligrammes d'arsenic par litre ; c'est encore une diminution sur le chiffre de 1863.

Nous avons nous-même fait, en 1877, plusieurs déterminations sur l'eau du puits Perrière, en opérant sur le liquide puisé à sa naissance sur le granite. Le résidu salin fourni par cette eau était par litre de 5^{g}110. Nous avons trouvé 0^{g}00601 d'arsenic. Cette fois, c'était une augmentation qui était constatée.

Enfin, tout récemment, MM. J. Lefort et Bouis, chargés officiellement par l'Académie de médecine de l'analyse des eaux de la Bourboule, ont obtenu une dose plus forte encore, à savoir 0^{g}00705 pour cette même source Perrière.

Si nous ajoutons que M. Carnot, à l'Ecole des mines, a trouvé (31 juillet 1876) 0^{g}0075 pour la source Choussy, nous pourrons conclure que l'eau minérale de la Bourboule contient actuellement une proportion d'arsenic considérable qui représente sensiblement celle indiquée par Thénard et qui a mis en relief cette importante station thermale.

On ne s'étonne pas des divergences constatées dans les analyses qui ont été faites successivement, lorsque l'on considère les changements que des travaux considérables ont dû produire dans les sources. Ils sont tels que le débit total, qui n'était en 1863 que de 34 litres 6, dépasse aujourd'hui 700 litres par minute ; mais il faut souhaiter que ceux qui pourraient avoir lieu par la suite ne viennent point en modifier le régime au point de nuire à leur précieuse minéralisation.

Nous avons dit que les nouvelles sources de la Bourboule sont au nombre de six, ce sont :

> La source Choussy ;
> La source Perrière ou Mabru ;
> La source de la Plage ;
> La source Sédaiges ;
> La source Fenestre n° 1 ;
> La source Fenestre n° 2.

La première appartient à M. le Docteur Choussy, les cinq autres à une grande Compagnie anonyme.

1° Source Choussy.

Elle n'est séparée de la suivante que par une distance de un à deux mètres et comme ces deux sources proviennent de puits creusés à des profondeurs à peu près égales, aboutissant à la même prise d'eau, on peut dire que c'est la même eau placée dans deux vases communicants et exploitée par deux établissements rivaux.

Sa température est de 56° et sa composition, déterminée en juillet 1876 par M. Carnot, est représentée par les résultats suivants :

Résidu fixe par litre. . . . 5 gr. 1400

Acide carbonique libre. . . .	0	3513
id. id. des carbonates.	1	3242
Acide arséniq. (arsenic : 0,0075).	0	0115
Acide chlorhydrique. . . .	2	0447
Acide sulfurique	0	1098
Silice	0	0420
Oxyde de fer.	0	0053
Chaux.	0	0490
Magnésie.	0	0092
Potasse	0	0731
Soude	2	6395
Matières organiques	traces.	
Lithine	traces tr.-notables.	

Total. . . . 6 gr. 6596

Nous y avons dosé une proportion de 18 milligrammes de chlorure de lithium par litre.

La source Choussy alimente un établissement transformé depuis 1875 et qui, outre les cabinets de bains, comprend des cabinets spéciaux pour les douches, des salles d'aspiration, de pulvérisation, de bains de pieds, etc.

2° Source Perrière ou Mabru.

Le puits Perrière dont on vient de voir la position par rapport au précédent fournit 388 litres 5 d'eau par minute, d'après un jaugeage exécuté ainsi que les suivants, les 28 et 29 septembre 1877, par M. Amiot, ingénieur des mines ; la température, prise par M. Lamarle, ingénieur de la Compagnie, le 11 novembre de la même année, est de 56°5 à la surface de l'eau et de 60°1 au fond du puits.

La composition de cette eau, déterminée récemment par MM. J. Lefort et Bouis, est relatée ci-après dans un tableau comprenant les analyses des cinq sources de la Compagnie de la Bourboule.

3° Source de la Plage.

Le puits de la Plage a une profondeur de 120 mètres et fournit par minute 12 litres 8 d'une eau à la température de 27°6. Sa minéralisation et sa température ont varié à la suite de récents travaux, car, tandis que l'analyse de l'Ecole des mines datant de quelques années signale les chiffres suivants :

Température	40°
Résidu salin par litre. . . .	5g4500
Arsenic.	0.0042

La récente analyse de MM. J. Lefort et Bouis enregistre ceux-ci :

Température	27°6
Résidu salin par litre. . . .	2g926
Arsenic.	0.00193

4° Source Sédaiges.

Le puits de Sédaiges représente actuellement les deux anciennes petites sources de la Rotonde et des Fièvres ; il a été approfondi jusqu'à la roche granitique et fournit par minute 94 litres d'eau minérale, dont la température est 45°5 à la surface de l'eau et 59°4 au fond du puits. Cette température, sa minéralisation et son titre en arsenic là rapprochent de l'eau du puits Perrière, comme le montre le tableau ci-après.

5°, 6° Sources de Fenestre.

Les sources de Fenestre sont situées sur la rive gauche de la Dordogne, alors que les précédentes sont toutes sur la rive droite. En 1872, la Compagnie fit creuser un puits artésien dans un terrain dit du Merle, à une distance de 150 mètres environ des anciennes sources, dans l'espoir de rencontrer des eaux chaudes. On en trouva deux, froides et abondantes. La première, rencontrée à 34 mètres de profondeur, donna de 300 à 400 litres d'eau par minute ; sa température était de 21° et sa minéralisation faible. La seconde, presque aussi abondante, fut trouvée dans le même puits à 68 mètres, c'est-à-dire à une profondeur double, et sa température était d'un degré plus élevé, soit 22°.

On les appela sources de *Fenestre*, du nom du petit hameau voisin de la Bourboule, sur le territoire duquel elles sont situées.

Après qu'elles furent captées, on les sépara au moyen de deux tubes concentriques et elles alimentent deux buvettes opposées.

Mais depuis ces aménagements pratiqués par M. A. Ledru, architecte du Mont-Dore et de la Bourboule, les rendements et la température ne sont plus les mêmes qu'au début. La source n° 1, la moins profonde, a un débit de 98 litres à la minute et une température de 19°1 ; la seconde donne 39 litres 2 à la température de 19°2.

Voici les résultats des analyses de MM. J. Lefort et Bouis, concernant les cinq sources de la Compagnie :

DÉSIGNATION DES SOURCES.	PERRIÈRE	SEDAIGES	LA PLAGE	FENESTRE nº 1.	FENESTRE nº 2.
Résidu salin par litre.	gr. 4.938	gr. 4.528	gr. 2.926	gr. 0.648	gr 0.992
Arsenic métallique.	gr. 0.00705	gr. 0.00689	gr. 0.00193	gr. 0.00096	gr. 0.00104
Acide carbonique libre et combiné.	gr. 1.7654	gr. . 1.4982	gr. 1.2957	gr. 0.3631	gr. 0.5260
Acide chlorhydrique. . .	1.8517	1.7122	1.1161	0.1065	0.1293
Acide sulfurique	0.1175	0.1035	0.0694	0.0123	0.0291
Acide arsénique.	0.01081	0.01054	0.00295	0.00147	0.00159
Acide silicique.	0.1200	0.1175	0.1011	0.0717	0.0794
Soude.	2.4121	2.2580	1.3997	0.3861	0.6681
Potasse.	0.1025	0.0921	0.0780	0.0081	0.0199
Lithine.	indiquée.	indiquée.	indiquée.	indiquée.	indiquée.
Chaux	0.0739	0.0725	0.0541	0.0080	0.0091
Magnésie.	0.0135	0.0102	0.0075	0.0036	0.0015
Alumine.	indices.	indices.	indices.	indices.	indices.
Protoxyde de fer.	0.0021	0.0048	0.0007	0.0063	0.0100
Oxyde de manganèse. . .	traces.	traces.	traces.	traces.	traces.
Matière organique	indices.	indices.	indices.	indices.	indices.
	6.46951	5.87654	4.12525	0.97317	1.47399

Ces sources importantes sont utilisées dans un grand établissement édifié récemment et offrant les ressources des stations les mieux dotées.

Nous renvoyons aux ouvrages spéciaux, concernant la Bourboule, pour les indications thérapeutiques qui ont été complètement discutées depuis quelque temps.

BOURG-LASTIC

En 1796, Buc' Hoz signale « au bas du village de Corne, sur les bords d'un ruisseau, des eaux thermales acidules. »

Il existe, en effet, à deux kilomètres et demi au nord de Bourg-Lastic et au sud du village de Corne qui dépend de cette commune, une source d'eau minérale froide et gazeuse.

Son débit, qui ne varie pas avec les saisons, est de 20 à 25 litres par minute.

L'analyse nous a donné les résultats suivants, qui indiquent une prédominance marquée du bicarbonate de soude :

COMPOSITION RAPPORTÉE A 1 LITRE.

Acide carbonique.	2ᵍ180	Acide carbonique libre . .	0ᵍ470	
— sulfurique.	0.131	Bicarbonate de soude . . .	2.544	
— silicique.	0.045	— potasse . .	0.060	
Chlore.	0.275	— chaux. . .	0.380	
Potasse.	0.028	— magnésie .	0.173	
Soude	1.276	— fer.	traces.	
Lithine.	traces.	Sulfate de soude.	0.232	
Chaux.	0.148	Chlorure de sodium. . . ,	0.453	
Magnésie.	0.054	— lithium. . . .	traces.	
Protoxyde de fer.	traces.	Silice.	0.045	
Matières organiques. . . .	traces.	Matières organiques . . .	traces.	

Poids des combinaisons anhydres, les carbonates étant à l'état de carbonates neutres.	2.747	
	Total, non compris l'acide carbonique libre.	3.887
	Total, y compris l'acide carbonique libre.	4.357

L'eau de Corne mériterait d'être captée et aménagée. Elle jouit d'une certaine vogue dans les environs de Bourg-Lastic, où elle est surtout employée contre la chlorose.

BROMONT

Trois sources minérales jaillissent sur le territoire de la commune de Bromont ; toutefois on les désigne communément sous le nom d'eaux minérales de Pontgibaud, de même que celles des communes de Chapdes-Beaufort et de Saint-Ours.

1° Source de Javelle.

La fontaine de Javelle se trouve à un kilomètre au nord de Pontgibaud, sur la rive gauche de la Sioule et tout près d'un petit ruisseau. L'eau est limpide et gazeuse ; sa température qui serait de 13°, d'après Mossier, a été trouvée de 11° en décembre 1877 ; peut-être varie-t-elle un peu avec les saisons. Elle dépose un sédiment ferrugineux peu abondant. Sa composition a été déterminée, en 1831, par MM. Blondeau et O. Henry (1). Une nouvelle analyse que nous en avons faite, en 1877, nous a donné les résultats suivants :

COMPOSITION RAPPORTÉE A 1 LITRE.

Acide carbonique	1g260	Acide carbonique libre	0g635
— sulfurique	0.072	Bicarbonate de soude	0.639
— silicique	0.100	— potasse	traces.
Chlore	0.068	— chaux	0.347
Potasse	traces.	— magnésie	0.099
Soude	0.350	— fer	0.018
Lithine	traces.	Sulfate de soude	0.128
Chaux	0.135	Chlorure de sodium	0.112
Magnésie	0.031	— lithium	traces.
Protoxyde de fer	0.008	Silice	0.100
Matières organiques	traces.	Matières organiques	traces.
Poids des combinaisons anhydres, les carbonates étant à l'état de carbonates neutres	1.056	Total, non compris l'acide carbonique libre	1.443
		Total, y compris l'acide carbonique libre	2.078

(1) *Journal de Pharmacie*, 1831.

L'eau de Javelle a été décrite par Jean Banc, dès 1605. A cette époque, elle était submergée par le petit ruisseau qui l'avoisine aujourd'hui ; c'était alors « une eau minérale fort » riche, composée de plusieurs gros bouillons, clairs et » picquants à la langue (1). »

Vers 1770, Delarbre, qui en avait obtenu de bons effets, la conseillait aux malades affectés d'obstructions commençantes, d'aménorrhée, de céphalalgies habituelles.

La chlorose, la leuchorrée et diverses variétés de gastralgies et d'hydropisies ont été traitées avec succès par l'eau de Javelle (Nivet).

2° Source de la Mine de Pranal.

La source de Pranal est fort curieuse, car elle sourd au fond de la mine de ce nom, à 110 mètres de profondeur.

Elle est située à 4 kilomètres au nord de Pontgibaud, non loin de la Sioule et du village de Pranal.

Elle fournit l'énorme quantité de 400 litres par minute et possède une température constante de 21 degrés.

Limpide, acidule, très-gazeuse, elle est regardée comme une excellente eau de table.

On pouvait craindre que, provenant d'une mine de Pontgibaud, elle ne contint du plomb ; mais nous n'avons pu déceler la présence de ce métal en opérant sur 2 litres d'eau. Il ne paraît pas, du reste, que son usage eut occasionné des coliques comme cela est arrivé, selon Fournet, pour les eaux des mines de Barbecot (voir Chapdes-Beaufort).

(1) Jean Banc, page 87-2.

Voici les résultats que nous a fournis l'analyse de l'eau de Pranal :

COMPOSITION RAPPORTÉE A 1 LITRE.

Acide carbonique.	2ᵍ457	Acide carbonique libre. .	1ᵍ120
— sulfurique.	0.101	Bicarbonate de soude . . .	0.691
— silicique	0.080	— potasse . .	traces.
— phosphorique. . . .	traces.	— chaux. . .	0.987
— arsénique.	traces.	— magnésie .	0.477
Chlore	0.025	— fer.	0.080
Potasse	traces.	Sulfate de soude.	0.179
Soude	0.346	Phosphate de soude. . . .	traces.
Lithine.	0.007	Chlorure de sodium. . . .	0.026
Chaux	0.384	— lithium. . . .	0.020
Magnésie	0.149	Arséniate de soude. . . .	traces.
Protoxyde de fer	0.036	Silice.	0.080
Matières organiques. . . .	traces.	Matières organiques . . .	traces.

Poids des combinaisons anhydres, les carbonates étant à l'état de carbonates neutres. 1.801

Total, non compris l'acide carbonique libre. 2.540

Total, y compris l'acide carbonique libre . . . 3.660

On constate la prédominance des bicarbonates terreux sur les bicarbonates alcalins ; mais il faut surtout remarquer la proportion notable de fer, la présence de la lithine et une grande quantité d'acide carbonique libre.

3° Source de Chalusset.

A une petite distance au nord-ouest de la précédente, entre Chalusset et la Sioule, se trouve une autre source minérale appelée *Font chaude,* et qui n'est plus fréquentée. Le nom qu'on lui a donné vient du bouillonnement que lui fait éprouver un dégagement abondant d'acide carbonique et non de sa température : c'est une eau froide. Elle est limpide, acidule, très-gazeuse et elle abandonne un sédiment ferrugineux.

Legrand d'Aussy, dans la relation d'un « voyage fait en 1787 et 1788 dans la ci-devant haute et basse Auvergne, » raconte que cette eau est recherchée des bestiaux qui, asphyxiés par le gaz méphitique (acide carbonique), roulent souvent au bas de la colline et se tuent (1).

CHAMALIÈRES

Il existe sur le territoire de la commune de Chamalières, près de Clermont-Ferrand, plusieurs sources minérales importantes. Nous ne nous occuperons ici que de celle des *Roches* et de la source *Dumas*, reportant à l'article Royat la description des sources *Saint-Mart, Saint-Victor, Marie-Louise* et *Fonteix* qui, bien que situées sur Chamalières, font partie intégrante du groupe des eaux de *Royat*.

1° Source des Roches.

Cette source, qui s'appelait autrefois *Fontaine de Beaurepaire,* est située à 800 mètres environ des sources de Jaude, à Clermont-Ferrand, entre cette ville et l'Etablissement de Royat.

(1) Ce fait que les bœufs et les chevaux boivent avec plaisir les eaux minérales gazeuses et ferrugineuses nous a été signalé souvent. Tantôt ce sont des chevaux attelés à une voiture qui font des efforts quand ils passent à côté d'une source qu'ils connaissent pour aller y prendre quelques gorgées ; tantôt ce sont des vaches qui paissent et qui savent trouver l'eau minérale sur le bord d'un ruisseau, la préférant à l'eau douce de ce ruisseau. Enfin, M. Loiselot (voir Clermont-Ferrand, source Loiselot), a constaté que ses chevaux qui ont à leur disposition, dans deux bassins contigus, de l'eau douce et de l'eau minérale très-ferrugineuse, s'adressent toujours à cette dernière dont ils sont très friands, surtout pendant l'été.

Elle sort du calcaire marneux tertiaire à l'extrémité de la coulée de lave de Gravenoire. Jusqu'en 1843, elle s'échappait du milieu des jardins, remplissant un creux de 4 à 5 mètres de circonférence ; mais à cette époque des fouilles furent pratiquées pour l'isoler dans un puits circulaire de 4 mètres de profondeur. Ce puits est actuellement renfermé dans un bâtiment, au milieu d'un vaste jardin. Devant l'établissement est disposée une terrasse demi-circulaire, d'où l'eau s'écoule par cinq jets formant buvette.

Le puits contenant la source est recouvert d'un chapiteau métallique avec tubulures permettant de recueillir l'acide carbonique qui s'échappe en faisant bouillonner l'eau. Ce gaz est emmagasiné dans des gazomètres à cloches pour être ensuite utilisé à la préparation de limonades gazeuses et d'eau de Seltz. Ces boissons gazeuses, préparées ainsi à l'aide d'un gaz *naturel*, ne contiennent jamais d'acides minéraux libres, circonstance qui contribue évidemment à leur bonne qualité et à la réputation dont elles jouissent.

L'eau des Roches est très-limpide ; exposée à l'air, elle ne tarde pas à se troubler et à former un dépôt ocreux. Sa saveur est acidule, puis saline et ferrugineuse. Sa température est de 19°5 et son débit de 50 litres par minute, dont une partie seulement alimente la buvette, le reste s'écoule par un trop plein. Elle dépose un sédiment jaunâtre ferrugineux.

Cette source a été l'objet d'un grand nombre de recherches. Duclos, en 1675, et Chomel, en 1734, en donnent une analyse sommaire ; MM. Nivet, en 1845 (1), Gonod et

(1) Nivet. *Dictionnaire*, p. 223.

O. Henry fils, en 1857 (1), et J. Lefort, en 1857 (2), en ont déterminé la composition.

Une nouvelle analyse, faite en 1877, nous a donné les résultats suivants :

COMPOSITION RAPPORTÉE A 1 LITRE.

Acide carbonique.	2ᵍ954	Acide carbonique libre. .	1ᵍ650
— sulfurique	0.067	Bicarbonate de soude . . .	0.840
— silicique.	0.092	— potasse. . .	0.160
— phosphorique. . . .	0.003	— chaux . . .	0.751
— arsénique.	traces.	— magnésie .	0.451
Chlore.	0.665	— fer.	0.046
Potasse	0.080	— manganèse	traces.
Soude	0.914	Sulfate de soude.	0.119
Lithine.	0.011	Phosphate de soude. . . .	0.006
Chaux	0.292	Chlorure de sodium. . . .	1.055
Magnésie.	0.141	— lithium. . . .	0.033
Protoxyde de fer. . . .	0.021	Arséniate de soude	traces.
— de manganèse.	traces.	Silice.	0.092
Matières organiques. . . .	traces.	Matières organiques. . . .	traces.
Iode et brome.	traces.	Iodure et bromure de sodium.	traces

Poids des combinaisons anhydres, les carbonates étant à l'état de carbonates neutres.	2.795	Total, non compris l'acide carbonique libre	3.552
		Total, y compris l'acide carbonique libre	5.202

Il semble que, depuis le captage de la source, la minéralisation se soit légèrement augmentée : le résidu salin total a été en effet trouvé successivement :

En 1843, par M. Nivet. 2ᵍ560

En 1857, par M. J. Lefort 2.760

En 1877, par M. Truchot. 2.795

L'eau des Roches est très-employée à Clermont comme

(1) Gonod et O. Henry. Paris, 1857.
(2) J. Lefort. *Annales de la Société d'hydrologie médicale de Paris*, t. III, p. 131.

eau de table et nous avons dit qu'on utilise l'acide carbonique qu'elle dégage pour la préparation de boissons gazeuses. Elle est aussi conseillée dans certaines affections, la chlorose, l'anémie, les digestions lentes et pénibles.

2° Source Dumas.

A deux kilomètres de Clermont, sur le bord de la route de Chamalières, se trouve un petit établissement portant le nom de *Source Dumas*. C'est moins une source d'eau minérale qu'un dégagement d'acide carbonique qui a été employé il y a quelque temps à la préparation de boissons gazeuses.

LE CHAMBON

On rencontre sur le territoire de la commune du Chambon, dans le canton de Besse, cinq sources minérales assez peu fréquentées et d'un accès difficile.

1° Source de la Font-Pique.

La source de la *Pique* ou *Font-Pique* se trouve au-dessous du hameau de Vouassière, sur la rive droite du ruisseau appelé la Couze de Chaudefour, à une altitude de 1,000 m. Elle sort des fentes d'un rocher et fournit de trois à quatre litres par minute. Pour la recueillir, dit M. Nivet, qui tenait ce renseignement du curé du Chambon, les buveurs la font couler dans un verre, à l'aide d'une feuille roulée en cornet. Nous avons vu souvent les habitants des montagnes et surtout les bergers, qui n'ont pas ordinairement de verre à leur disposition, se servir dextrement d'une feuille de gentiane, arrangée en cornet, pour puiser l'eau minérale dont ils usent souvent et abusent quelquefois pendant la belle saison.

L'eau de la Pique est limpide, très-gazeuse, de saveur aigrelette ; sa température est de 11°5.

Elle a été analysée, en 1845, par M. Nivet (1). Les résultats suivants, que nous avons obtenus en 1877, montrent que la composition de l'eau n'a pas sensiblement varié ; le résidu salin total est à très-peu près le même, toutefois la proportion de bicarbonate de soude a un peu augmenté ; c'est l'inverse pour le sel calcaire.

COMPOSITION RAPPORTÉE A 1 LITRE.

Acide carbonique. . . .	1^{g}813	Acide carbonique libre. .	0^{g}810
— sulfurique	traces.	Bicarbonate de soude . . .	0.965
— silicique	0.070	— potasse . .	traces.
Chlore.	traces.	— chaux. . .	0.475
Potasse.	traces.	— magnésie .	0.192
Soude	0.356	— fer.	0.009
Lithine.	traces.	Sulfate de soude.	traces.
Chaux	0.185	Chlorure de sodium. . . .	traces.
Magnésie	0.060	— lithium. . . .	traces.
Protoxyde de fer. . . .	0.004	Silice.	0.070
Matières organiques . . .	traces.	Matières organiques. . . .	traces.
Poids des combinaisons anhydres, les carbonates étant à l'état de carbonates neutres.	1.145	Total, non compris l'acide carbonique libre.	1.711
		Total, y compris l'acide carbonique libre.	2.521

L'eau de la Pique est surtout une eau de table agréable ; pourtant elle a été indiquée dans la chlorose, la dyspepsie et les céphalalgies nerveuses et sympathiques (Nivet).

(1) Nivet. *Dictionnaire*, p. 32.

2° Source de Vouassière.

Cette seconde source jaillit au-dessus du hameau de Vouassière, sur la rive droite d'un petit ruisseau affluent de la Couze de Chaudefour.

Son débit est de six à sept litres par minute, sa température de 12°. L'eau est limpide, gazeuse, aigrelette ; comme elle est peu minéralisée et à peine ferrugineuse, elle se rapproche des eaux carboniques.

Voici les résultats de son analyse :

COMPOSITION RAPPORTÉE A 1 LITRE.

Acide carbonique.	0g989	Acide carbonique libre. .	0g550
— sulfurique.	traces.	Bicarbonate de soude . . .	0.545
— silicique.	0.080	— potasse .	traces.
Chlore.	0.010	— chaux. .	0.141
Potasse	traces.	— magnésie .	0.099
Soude . . . . , .	0.209	— fer.	traces.
Lithine.	traces.	Sulfate de soude.	traces.
Chaux	0.055	Chlorure de sodium. . . .	0.016
Magnésie	0.031	— lithium. . . .	traces.
Protoxyde de fer.	traces.	Silice.	0.080
Matières organiques. . . .	traces.	Matières organiques. . . .	traces.
Poids des combinaisons anhydres, les carbonates étant à l'état de carbonates neutres.	0.605	Total, non compris l'acide carbonique libre.	0.881
		Total, y compris l'acide carbonique libre	1.430

3° Fontaine de la Garde.

A 1,200 mètres au nord du Chambon, se trouve la fontaine de la Garde, composée de quatre ou cinq griffons très-rapprochés les uns des autres.

L'eau bouillonne vivement par l'action de l'acide carbonique qui se dégage en abondance. Elle est souvent mêlée à de l'eau douce et à l'eau résultant de la fonte des neiges. Quoi qu'il en soit, elle est fort peu minéralisée : l'évaporation d'un litre de cette eau n'abandonne qu'un peu de silice et quelques milligrammes de carbonate de chaux. Elle ne contient ni sulfates, ni chlorures, c'est une eau carbonique.

4° Eau de Chaudefour, source supérieure.

Au fond de la vallée de Chaudefour, sur la rive droite de la Couze, à une altitude de 1,280 mètres, se trouvent deux sources minérales assez voisines. La supérieure, qui donne seulement quelques litres par minute, a une température de 23°2 ; elle est limpide, gazeuse, d'une saveur acidule, saline et ferrugineuse. L'acide carbonique s'en dégage en petite quantité.

L'analyse suivante que nous en avons faite, en 1877, montre une certaine analogie de composition avec les eaux du Mont-Dore, sauf pour le chlorure de sodium qui fait à peu près complétement défaut dans les eaux de Chaudefour.

COMPOSITION RAPPORTÉE A 1 LITRE.

Acide carbonique.	1ᵍ700	Acide carbonique libre. .	0ᵍ986
— sulfurique	0.074	Bicarbonate de soude . . .	0.382
— silicique.	0.160	— potasse . .	0.025
Chlore.	traces.	— chaux. . .	0.586
Potasse	0.012	— magnésie.	0.211
Soude	0.198	— fer.	0.009
Lithine.	traces.	Sulfate de soude.	0.131
Chaux	0.228	Chlorure de sodium. . . .	traces.
Magnésie	0.066	— lithium. . .	traces.
Protoxyde de fer.	0.004	Silice.	0.160
Matières organiques . . .	traces.	Matières organiques. . . .	traces.
Poids des combinaisons anhydres, les carbonates étant à l'état de carbonates neutres.	1.100	Total, non compris l'acide carbonique libre	1.503
		Total, y compris l'acide carbonique libre	2.489

5° Source inférieure.

La seconde source de Chaudefour sort à 25 mètres en aval de la première, sur la même rive du ruisseau, mais si près de la Couze qu'à la moindre crue elle est submergée.

Elle a une température de 22°2 et elle bouillonne sous l'action de l'acide carbonique libre. Ses propriétés sont les mêmes que celles de la source voisine, comme on le voit par l'analyse suivante :

COMPOSITION RAPPORTÉE A 1 LITRE.

Acide carbonique	1ᵍ250	Acide carbonique libre. .	0ᵍ470
— sulfurique	0.072	Bicarbonate de soude . . .	0.380
— silicique	0.140	— potasse . .	0.025
Chlore	traces	— chaux . . .	0.745
Potasse	0.012	— magnésie .	0.160
Soude	0.196	— fer	0.009
Lithine	traces.	Sulfate de soude	0.128
Chaux	0.290	Chlorure de sodium . . .	traces.
Magnésie	0.050	— lithium	traces.
Protoxyde de fer	0.004	Silice	0.140
Matières organiques . . .	traces.	Matières organiques . . .	traces.

Poids des combinaisons anhydres, les carbonates étant à l'état de carbonates neutres	1.154	Total, non compris l'acide carbonique libre	1.587
		Total, y compris l'acide carbonique libre	2.057

CHANONAT

Deux sources minérales jaillissent près de Chanonat, dans la vallée où coule le ruisseau d'Auzon.

1° Source de Fontrouge.

La première est nommée Fontrouge, à cause du sédiment ferrugineux qu'elle dépose sur son passage. Elle se trouve dans la propriété de M. Jaubourg Antoine, à une petite distance du ruisseau, sur sa gauche, et à 2 kilomètres à l'ouest de Chanonat.

Sa température est 12° et son débit trois à quatre litres par minute. L'eau est limpide, d'une saveur aigrelette et ferrugineuse.

L'analyse nous a donné les résultats suivants.:

COMPOSITION RAPPORTÉE A 1 LITRE.

Acide carbonique	1ᵍ349	Acide carbonique libre	0ᵍ715
— sulfurique	0.035	Bicarbonate de soude	0.268
— silicique	0.050	— potasse	traces.
— phosphorique	traces.	— chaux	0.437
— arsénique	traces.	— magnésie	0.288
Chlore	0.005	— fer	0.053
Potasse	traces.	Sulfate de soude	0.062
Soude	0.103	Phosphate de soude	traces.
Chaux	0.170	Chlorure de sodium	0.008
Magnésie	0.090	Arséniate de soude	traces.
Protoxyde de fer	0.024	Silice	0.050
Matières organiques	traces.	Matières organiques	traces.
Poids des combinaisons anhydres, les carbonates étant à l'état de carbonates neutres	0.820	Total, non compris l'acide carbonique libre	1.166
		Total, y compris l'acide carbonique libre	1.881

L'eau de Fontrouge est anciennement connue. Duclos (1675) et Chomel (1734) en font mention et en ont même donné une analyse sommaire. Aujourd'hui elle n'est fréquentée que par les habitants de la commune de Chanonat, qui la préconisent contre la chlorose. Il n'y a aucune installation.

2° Source de la Bâtisse.

La source de la Bâtisse se trouve entre la précédente et le village de Chanonat, mais sur la rive droite du ruisseau, dans l'enclos de la Bâtisse.

Elle est peu abondante, froide, acidule et peu minéralisée, comme l'indique l'analyse suivante :

COMPOSITION RAPPORTÉE A 1 LITRE.

Acide carbonique.	0^{g}978	Acide carbonique libre. .	0^{g}540
— sulfurique.	traces.	Bicarbonate de soude . . .	0.152
— silicique	0.040	— potasse . .	traces.
Chlore.	traces.	— chaux. . .	0.383
Potasse	traces.	— magnésie .	0.144
Soude	0.056	— fer.	0.048
Lithine.	traces.	Sulfate de soude.	traces.
Chaux.	0.149	Chlorure de sodium. . . .	traces.
Magnésie	0.045	— lithium. . . .	traces.
Protoxyde de fer.	0.022	Silice	0.040
Matières organiques . . .	traces.	Matières organiques . . .	traces.
Poids des combinaisons anhydres, les carbonates étant à l'état de carbonates neutres.	0.533	Total, non compris l'acide carbonique libre.	0.767
		Total, y compris l'acide carbonique libre.	1.307

L'eau de la Bâtisse est à peine utilisée.

CHAPDES-BEAUFORT

Les eaux minérales de la commune de Chapdes-Beaufort, au nombre de trois principales, sont, comme celles de Bromont, connues sous la dénomination d'eaux de Pontgibaud, par la raison qu'elles sourdent presque toutes dans la vallée de la Sioule, à peu de distance au nord de cette dernière ville.

1° Source de Châteaufort.

A deux kilomètres et demi de Pontgibaud, en remontant la Sioule et sur la rive droite de cette rivière, se trouve la source de Châteaufort qui appartient, comme celle de Javelle, à M. de Pontgibaud.

Elle est captée dans un bassin en maçonnerie, d'où elle s'écoule par une petite ouverture circulaire pour se rendre dans la Sioule.

L'eau est limpide, très-gazeuse, d'une saveur acidule, puis ferrugineuse : sa température est de 10°.

Elle a été analysée, en 1831, par MM. Blondeau et O. Henry (1). Les chiffres trouvés ne diffèrent pas sensiblement des suivants que nous a fournis une nouvelle analyse, en 1877, si ce n'est pour le fer qui existe dans l'eau de Châteaufort en proportion notable.

(1) *Journal de Pharmacie*, 1831.

COMPOSITION RAPPORTÉE A 1 LITRE.

Acide carbonique	1ᵍ580	Acide carbonique libre	0ᵍ398
— sulfurique	0.063	Bicarbonate de soude	0.677
— silicique	0.100	— potasse	traces.
Chlore	0.102	— chaux	0.637
Potasse	traces.	— magnésie	0.608
Soude	0.396	— fer	0.037
Lithine	traces.	Sulfate de soude	0.112
Chaux	0.248	Chlorure de sodium	0.168
Magnésie	0.190	— lithium	traces.
Protoxyde de fer	0.017	Silice	0.100
Matières organiques	traces.	Matières organiques	traces.
Poids des combinaisons anhydres, les carbonates étant à l'état de carbonates neutres	1.680	Total, non compris l'acide carbonique libre	2.339
		Total, y compris l'acide carbonique libre	2.737

On préfère aujourd'hui l'eau de Châteaufort à celle de Javelle comme eau de table. Les chlorotiques, les personnes dont les digestions sont pénibles s'en trouvent bien, dit-on. M. Nivet l'a employée avec succès contre des gastrites chroniques.

2° Sources de Barbecot.

Plusieurs sources qui portent ce nom se rencontrent sur la rive droite de la Sioule, un peu au nord de la précédente et au milieu des mines de Barbecot.

Elles sont froides (10°), acidules et ferrugineuses.

On ne les utilise point, sans doute parce que jaillissant au voisinage des mines de plomb, on craint qu'elles ne contiennent en dissolution des sels de ce métal. D'après Fournet, l'une d'elles donnerait la colique à ceux qui en boivent.

3° Source de Pulvérière.

La source de Pulvérière est située au bas du hameau de ce nom, au sud-est de Chapdes-Beaufort.

L'eau est froide, acidule et ferrugineuse et, comme les précédentes, elle n'est guère employée. On lui donne le nom de *Fontaine empoisonnée* parce qu'on trouve souvent autour d'elle de petits animaux asphyxiés par l'acide carbonique.

CHAPTUZAT

Source Saint-Mayard.

A un kilomètre au sud de Chaptuzat, quartier de l'Eglise, dans le canton d'Aigueperse, on trouve une source minérale qui s'échappe en minces filets d'un tertre longeant un chemin. Elle ne varie en aucune saison et donne de huit à dix litres par minute en laissant sur son passage un dépôt ocreux jaune rougeâtre.

Son analyse nous a donné les résultats suivants :

COMPOSITION RAPPORTÉE A 1 LITRE.

Acide carbonique	0g622	Acide carbonique libre.	0g275
— sulfurique.	traces.	Bicarbonate de soude.	0.109
— silicique.	0.150	— potasse.	traces.
Chlore.	0.012	— chaux	0.427
Potasse	traces.	— magnésie	0.029
Soude	0.051	— fer.	0.022
Chaux	0.166	Sulfate de soude.	traces.
Magnésie.	0.009	Chlorure de sodium.	0.020
Protoxyde de fer	0.010	Silice.	0.150
Matières organiques.	traces.	Matières organiques.	traces.
Poids des combinaisons anhydres, les carbonates étant à l'état de carbonates neutres.	0.573	Total, non compris l'acide carbonique libre	0.757
		Total, y compris l'acide carbonique libre	1.032

L'eau de St-Mayard est donc une eau calcaire et ferrugineuse, peu minéralisée. Elle n'est l'objet d'aucune exploitation.

CHATEAUNEUF

Châteauneuf, qui doit toute son importance aux nombreuses eaux minérales et thermales qu'il possède, est une petite commune de l'arrondissement de Riom, à 30 kilomètres au nord-ouest de cette ville. Elle est située dans une vallée profonde, sur les deux rives de la Sioule, et elle est formée par la réunion d'un certain nombre de hameaux qui portent les noms du *Coin*, des *Méritis*, de la *Chaux*, des *Bordats*, du *Chambon* et qui contiennent les sources dont nous allons nous occuper. L'endroit où sont aujourd'hui l'église, la mairie et le château, porte spécialement le nom de la commune.

Le sol de Châteauneuf est remarquable, d'une part, par la fertilité de ses prairies et, de l'autre, par l'aridité et le pittoresque de ses montagnes; il se compose de roches porphyriques escarpées sur la rive droite et de roches granitiques sur la rive gauche, et c'est précisément au contact de ces deux roches que l'on rencontre les sources dont l'ensemble constitue une ligne qui se confond avec celle que dessine la rivière. Celle-ci forme dans la vallée de gracieux détours; au hameau des Méritis, où se trouve un des principaux établissements, elle donne naissance à une véritable presqu'île, séparée de la terre ferme par un énorme bloc de granit que l'on a dû tailler pour y pratiquer un chemin. « Cette presqu'île, dit Salneuve (1), dont le sol est élevé en

(1) *Essai sur les Eaux minérales de Châteauneuf*. Clermont, 1851.

forme de cône, présente les décombres d'une église, autrefois dédiée à saint Cyr, laquelle fut elle-même construite sur les ruines du château des anciens seigneurs. Du sommet de ce cône, le spectateur jouit d'un des points de vue les plus extraordinaires, très-remarquable en ce qu'il croit voir dans les détours de la Sioule qui s'offre à ses regards, à droite et à gauche, deux rivières coulant en sens contraire, quoique sur un même plan. »

Les eaux minérales de Châteauneuf sont connues et fréquentées depuis un temps immémorial. En 1810, Michel Bertrand commence à s'occuper de leur composition, et Vallet, habile pharmacien de Paris, continue ce travail analytique pour douze sources qui existent encore. Plus tard, MM. Lecoq et Salneuve reprennent l'analyse de quelques sources, et ce dernier consigne dans la brochure dont il vient d'être fait un extrait, des observations physiques, chimiques et médicales pleines d'intérêt.

En 1846, M. Nivet (1), tout en reproduisant les analyses de Vallet, fait connaître la composition de l'eau du Grand-Bain chaud et les quantités de résidus fournis par cinq sources différentes.

En 1855, un grand travail analytique, dû à M. J. Lefort (2), donne les propriétés et la composition des quatorze sources alors captées et met ainsi en relief l'importance de cette station.

Depuis, l'analyse des sources Salneuve et Morny par ce même chimiste, celle de la source Marie-Louise par M. Finot, et celles que nous avons faites des sources Chambon-Laga-

(1) *Dictionnaire des Eaux minérales*, etc.; Clermont-Ferrand, 1846.
(2) *Annales de la Société d'hydrologie médicale de Paris*, t. I, p. 114.

renne, des Grands-Rochers, Marguerite, Bain de la Chapelle, Buvette des Méritis, Buvette Saint-Cyr, porte à vingt-deux le nombre des sources minérales captées et analysées.

Ce sont ces vingt-deux sources que nous allons passer en revue.

Elles peuvent être partagées en deux groupes : les eaux minérales froides employées en boisson et les eaux thermales utilisées pour les bains.

Eaux minérales froides.

Le tableau suivant en présente la liste. Elles sont, de plus, distribuées suivant les hameaux où elles sourdent en allant du nord au sud. Nous y avons joint deux sources (Buvette des Grands-Bains chauds et Chevarier) dont la température se rapproche de celles des eaux thermales, mais qui sont cependant employées en boisson :

Hameau du Coin . . . { Source Désaix.
Source des Grands-Rochers.
Source Marguerite.

Hameau des Méritis. . { Buvette de la Pyramide.
Buvette des Grands-Bains chauds.
Buvette Saint-Cyr.
Buvette des Méritis.

Hameau de la Chaux. { Fontaine du Petit-Moulin.
Fontaine du Pavillon.
Source Salneuve.

Hameau des Bordats. . { Source Chevarier.
Fontaine du Petit-Rocher.

Hameau du Chambon. { Source Chambon-Lagarenne.
Source Morny.

HAMEAU DU COIN

1° Source Désaix.

La source Désaix se trouve tout près du hameau du Coin, sur la rive gauche de la Sioule et à quelques mètres seulement de la rivière. On l'a ainsi appelée parce qu'elle se trouve sur le chemin qui conduit à Ayat, où est né Désaix.

Elle est peu abondante, froide, limpide, d'une saveur piquante, très-agréable en raison de la grande quantité d'acide carbonique qu'elle contient. Elle ne prend aucune mauvaise odeur lorsqu'on la conserve en bouteilles bien bouchées, mais elle y forme un léger dépôt ocreux.

Sa température est de 16°5.

Son analyse a fourni à M. J. Lefort les résultats suivants rapportés à 1 litre.

Chlore.	0ᵍ244	Bicarbonate de soude . . .	1ᵍ612
Acide carbonique.	3.509	— potasse . .	0.519
— sulfurique	0.141	— chaux. . .	0.516
— crénique	indices	— magnésie .	0.121
Potasse	0.268	Bicarbonate de protoxyde	
Soude	0.879	de fer.	0.018
Chaux.	0.200	Sulfate de soude.	0.250
Magnésie	0.038	Chlorure de sodium.	0.413
Lithine	traces.	Arséniate de soude.	traces.
Silice	0.103	Crénate de fer.	traces.
Protoxyde de fer.	0.008	Lithine	traces.
Arsenic	indices	Silice.	0.103
Matières organiques.	traces.	Acide carbonique libre.	1.835
Résidu sec.	2.848	Total.	5.387

La source Désaix appartient par indivis à MM. E. Tallon et François Chatard. Elle est utilisée comme eau de table.

2° Source des Grands-Rochers.

3° Source Marguerite.

Ces deux sources minérales, qui appartiennent à M. E. Tallon, sont très-voisines de la précédente et constituent avec elle ce qu'on nomme le groupe des sources Désaix.

Elles sont limpides, très-gazeuses et d'une saveur acidule.

Elles ont été découvertes et captées en 1876. Leur température est de 19°; la première fournit 25 litres et la seconde 5 litres par minute.

L'analyse nous a donné les résultats suivants rapportés à 1 litre :

	Source des Grands-Rochers.	Source Marguerite.
Acide carbonique	3g500	3g610
— sulfurique.	0.138	0.142
— silicique.	0.100	0.097
— arsénique	traces.	traces.
Chlore	0.272	0.269
Potasse.	0.256	0.261
Soude	0.890	0.910
Lithine.	0.008	0.008
Chaux	0.262	0.254
Magnésie.	0.040	0.067
Protoxyde de fer.	0.006	0.006
Matières organiques.	traces.	traces.
Poids des combinaisons anhydres, les carbonates étant à l'état de carbonates neutres.	2.685	2.765

Ces chiffres peuvent représenter les combinaisons salines ci-après :

	Sources des Grands-Rochers.	Source Marguerite.
Acide carbonique libre.	1ᵍ952	1ᵍ984
Bicarbonate de soude.	1.531	1.582
— potasse.	0.545	0.555
— chaux	0.673	0.635
— magnésie	0.128	0.214
— fer.	0.013	0.013
Sulfate de soude.	0.245	0.252
Chlorure de sodium.	0.418	0.414
— lithium.	0.022	0.022
Arséniate de soude.	traces.	traces.
Silice.	0.100	0.097
Matières organiques.	traces.	traces.
Total, non compris l'acide carbonique libre.	3.675	3.802
Total, y compris l'acide carbonique libre.	5.627	5.786

On voit que les trois sources du groupe Désaix ont la plus grande analogie de composition. Ce sont des eaux de table très-agréables, qui ont l'avantage de ne contenir qu'une petite quantité de fer, aussi sont-elles très-recherchées des baigneurs. On les exporte avec avantage, car elles se conservent bien et dégagent une grande quantité d'acide carbonique lorsqu'on débouche les bouteilles qui les contiennent.

HAMEAU DES MÉRITIS

Les sources du hameau des Méritis forment le groupe le plus nombreux des eaux de Châteauneuf. On y compte actuellement quatre buvettes et cinq sources thermales, qui sont exploitées par la société Viple.

4° Buvette de la Pyramide.

La source, qui doit ce nom à une pierre en forme de pyramide qui la surmontait autrefois, mais qui aujourd'hui a disparu, est située à cent mètres environ de l'établissement des Grands-Bains chauds, sur la rive gauche et à trois ou quatre mètres de la Sioule.

Elle est recueillie dans un bac en pierre de taille où on la puise.

Sa température est de 25°.

Limpide, incolore, elle a une saveur acidule et légèrement sulfureuse. On trouve, sur les parois du bac, une matière organique, glaireuse, qui pourrait bien être l'agent producteur des sulfures par la transformation des sulfates que contient cette eau. En tout cas, lorsqu'elle est abandonnée **dans** des bouteilles fermées, elle se trouble et acquiert une **odeur** sulfureuse de plus en plus prononcée.

Cette circonstance la rapproche de la source Chevarier et si elle est peu fréquentée par les buveurs, elle mériterait d'être étudiée au point de vue des propriétés que lui communiquent sans aucun doute l'hydrogène sulfuré qu'elle contient.

M. J. Lefort en a fait l'analyse et a trouvé les résultats suivants :

Chlore.	0ᵍ274		Bicarbonate de soude . . .	1ᵍ850
Acide sulfhydrique . . .	indices		— potasse . .	0.730
— carbonique, ...	3.189		— chaux . . .	0.642
— sulfurique.	0.275		— fer.	0.042
— crénique	traces.		— magnésie .	0.237
Potasse.	0.377		Sulfate de soude.	0.485
Soude.	1.021		Chlorure de sodium. . . .	0.433
Chaux.	0.249		Arséniate de soude. . . .	traces.
Magnésie	0.075		Crénate de fer.	traces.
Lithine.	traces.		Lithine	indices
Silice.	0.109		Silice	0.109
Protoxyde de fer. . . .	0.019		Acide sulfhydrique libre. .	traces.
Arsenic	traces.		Acide carbonique libre. .	1.321
Matières organiques. . . .	traces.			
Résidu sec. . . .	3.216		Total.	5.579

La lithine n'avait point échappé au savant analyste, bien qu'il n'eût pas encore à sa disposition les méthodes spectrales.

Nous avons dosé 30 milligrammes de chlorure de lithium dans l'eau de la Pyramide.

5° Buvette des Grands-Bains chauds.

Comme son nom l'indique, cette source fait partie de l'établissement même des Grands-Bains, auquel elle est adossée, et il est vraisemblable qu'elle appartient à la même nappe d'eau qui forme le bain Auguste et le Grand-Bain chaud.

Toutefois, comme le remarque M. Lefort, l'hydrogène sulfuré qu'elle contient en plus annonce qu'elle prend, pour arriver sur le sol, une direction différente. Nous serions porté à croire qu'il se développe dans son trajet particulier cette matière organique glaireuse qui produit, comme on l'a constaté depuis peu, la transformation des sulfates en sulfures.

Sa haute température (33°) et son odeur sulfureuse la rendent désagréable à boire, aussi ne la prescrit-on en boisson que dans des cas particuliers assez rares.

Voici l'analyse qu'en a publiée M. J. Lefort :

Chlore.	0ᵍ221	Bicarbonate de soude	1ᵍ279
Acide sulfhydrique	indices	— potasse	0.621
— carbonique.	2.198	— chaux.	0.380
— sulfurique	0.272	— magnésie	0.213
— crénique	traces.	— fer.	0.022
Potasse	0.321	Sulfate de soude.	0.483
Soude.	0.892	Chlorure de sodium.	0.374
Chaux	0.148	Arséniate de soude.	traces.
Magnésie	0.068	Crénate de fer.	traces.
Lithine.	indices	Lithine.	traces.
Silice.	0.115	Silice	0.115
Protoxyde de fer.	0.010	Acide sulfhydrique	indices
Arsenic	indices	Acide carbonique libre.	0.752
Matières organiques	traces.		
Résidu sec.	3.071	Total.	4.239

Nous y avons trouvé 30 milligrammes de chlorure de lithium par litre.

6° Buvette St-Cyr.

7° Buvette des Méritis.

Ces deux sources, nouvellement découvertes à proximité de l'établissement du Grand-Bain chaud, complètent heureusement la collection des eaux employées en boisson par les baigneurs.

Elles sont l'une et l'autre très-gazeuses, limpides et inodores. La première a une température de 11°, la seconde de 18°.

Nous en avons fait une analyse en 1878 qui a donné les résultats suivants :

	Buvette Saint-Cyr.	Buvette des Méritis.
Acide carbonique	3s092	2s415
— sulfurique.	0.230	0.210
— silicique	0.110	0.105
— arsénique	traces.	traces.
Chlore	0.128	0.195
Potasse.	0.230	0.190
Soude.	0.758	0.615
Lithine.	0.010	0.010
Chaux	0.162	0.118
Magnésie.	0.065	0.048
Protoxyde de fer.	0.026	0.005
Matières organiques	traces.	traces.
Poids des combinaisons anhydres, les carbonates étant à l'état de carbonates neutres .	2.358	1.956

	Buvette Saint-Cyr.	Buvette des Méritis.
Acide carbonique libre	1s754	1s510
Bicarbonate de soude	1.327	0.826
— potasse.	0.489	0.404
— chaux.	0.416	0.303
— magnésie . . .	0.208	0.153
— fer	0.057	0.011
Sulfate de soude	0.408	0.373
Chlorure de sodium.	0.173	0.283
— lithium.	0.028	0.028
Arséniate de soude	traces.	traces.
Silice.	0.110	0.105
Matières organiques.	traces.	traces.
Total, non compris l'acide carbonique libre.	3.216	2.486
Total, y compris l'acide carbonique libre.	4.970	3.996

On remarquera la forte proportion de fer que contient l'eau de la Buvette Saint-Cyr.

HAMEAU DE LA CHAUX.

8° Fontaine du Petit-Moulin.

Lorsqu'on remonte le cours de la Sioule, en se rendant au hameau des Bordats, on trouve sur les bords de la rivière, en face de la plage des Gots, la source minérale du Petit-Moulin.

Elle est encaissée dans un massif en maçonnerie et dépose autour d'elle une certaine quantité d'oxyde de fer ; c'est, en effet, une des plus ferrugineuses de Châteauneuf.

Sa température est de 15°75 et sa composition la rapproche de l'eau du Petit-Rocher.

M. J. Lefort a dosé dans un litre :

Chlore.	0g180	Bicarbonate de soude		0g984
Acide carbonique	2.794	—	potasse	0.525
— sulfurique	0.132	—	chaux	0.475
— crénique	traces.	—	magnésie	0.248
Potasse	0.271	—	fer	0.062
Soude	0.633	Sulfate de soude		0.234
Chaux	0.184	Chlorure de sodium		0.304
Magnésie	0.079	Arséniate de soude		traces.
Lithine.	traces	Crénate de fer.		traces.
Silice	0.085	Lithine		indices
Protoxyde de fer	0.027	Silice		0.085
Arsenic	indices	Acide carbonique libre		1.467
Matières organiques.	traces.			
Résidu sec.	2.288	Total.		4.384

La lithine s'y trouve à la dose de 15 milligrammes de chlorure de lithium par litre.

Bien qu'elle ne répande à la buvette aucune odeur sulfureuse, il s'y développe, lorsqu'on la conserve en bouteille, une certaine quantité d'hydrogène sulfuré.

9° Source du Pavillon.

La source du Pavillon, une des plus intéressantes de Châteauneuf, appartient à M. Chomette. Elle a été découverte, en 1854, dans un pâturage appelé Champfleuret, à 600 mètres de l'établissement principal et à 100 mètres environ de la Sioule.

Elle ne donne qu'un mince filet d'eau, mais des travaux pourraient sans doute en élever facilement le rendement : on voit tout autour l'acide carbonique se dégager du sol.

L'eau du Pavillon est limpide, aigrelette et se conserve sans répandre de mauvaise odeur et sans déposer d'oxyde de fer. Sa température est de 16°.

Elle contient, de même que la suivante, une assez forte proportion de bicarbonate de magnésie qui la rend précieuse comme laxative dans certaines affections intestinales.

C'est, de toutes les eaux de Châteauneuf, celle qui a la plus forte minéralisation, comme l'indique l'analyse suivante, due à M. J. Lefort :

Chlore.	0ᵍ223	Bicarbonate de soude	1ᵍ620
Acide carbonique.	4.327	— potasse	1 089
— sulfurique.	0.220	— chaux.	0.750
— crénique	traces.	— magnésie	0.435
Potasse	0.461	— fer.	0.016
Soude	0.995	Sulfate de soude.	0.391
Chaux.	0.292	Chlorure de sodium	0.377
Magnésie	0.139	Arséniate de soude	traces.
Lithine.	traces.	Crénate de fer.	traces.
Silice.	0.092	Lithine.	indices
Protoxyde de fer	0.007	Silice.	0.092
Arsenic	traces.	Acide carbonique libre.	1.986
Matières organiques	traces.		
Résidu sec.	3.480	Total.	6.756

Nous y avons trouvé 25 milligr. de chlorure de lithium.

10° Source Salneuve.

La source Salneuve est située à quelques pas de la précédente, sur le bord de la route, en contre-bas du talus. Elle portait autrefois le nom de Source du Pré ou Source Denys, nom de son propriétaire; mais M. J. Lefort, voulant consacrer le souvenir du modeste et savant médecin-inspecteur, qui pendant longtemps a été placé à la tête de la station, a eu la bonne pensée de lui assigner le nom de *Source Salneuve.*

Elle est renfermée dans un petit bâtiment au-dehors duquel elle s'écoule par une cannelle adaptée dans une pierre de taille.

Son débit n'est que de un à deux litres par minute et sa température 16°. Sa saveur est fraîche, acidule, et elle a beaucoup de ressemblance avec la précédente, notamment au point de vue de la magnésie qu'elle contient en proportion plus forte encore. Elle est donc, comme l'eau du Pavillon, légèrement laxative.

Voici sa composition déterminée, en 1861, par M. J. Lefort:

Acide carbonique.	3ᵍ777	Acide carbonique libre. .	1ᵍ979
— sulfurique.	0.208	Bicarbonate de soude . . .	1.383
— crénique	traces.	— potasse . .	0.412
Chlore.	0.218	— chaux . .	0.738
Potasse	0.213	— magnésie .	0.454
Soude.	0.928	— fer.	0.027
Chaux.	0.290	Sulfate de soude.	0.371
Magnésie.	0.145	Chlorure de sodium. . . .	0.362
Silice.	0.110	Arséniate de soude.	traces.
Lithine.	traces.	Crénate de fer.	traces.
Protoxyde de fer.	0.012	Lithine.	traces.
Arsenic	indices	Silice	0.110
Matières organiques. . . .	traces.	Matières organiques. . . .	traces.
Total.	5.901	Total.	5.836

La source Salneuve est une des plus riches en lithine ; nous y avons trouvé 35 milligrammes de chlorure de lithium par litre.

HAMEAU DES BORDATS.

Le groupe des Bordats comprend deux établissements, situés à 200 ou 250 mètres de la Sioule, de chaque côté d'un petit ruisseau appelé *les Cubes*. Le premier, l'établissement du Petit-Rocher, appartient à M. Richard ; il est sur la rive gauche du ruisseau et comprend quatre sources, deux froides et deux thermales. Le second est l'établissement de la Rotonde, sur la rive droite des Cubes.

11° Source Chevarier.

C'est la plus éloignée de la Sioule. Son nom lui vient de l'ancien possesseur de Châteauneuf, M. Chevarier, qui y fit construire une baignoire pour son usage personnel, après avoir, dit la chronique, parcouru un certain nombre de stations thermales sans obtenir la guérison qu'il attendait et qu'il trouva chez lui.

Aujourd'hui elle sert de buvette ; sa température, qui était en 1855 de 38°, n'est plus que 25°4 et son débit est très-faible.

Elle jaillit de la base du rocher qui produit la fontaine du Petit-Rocher et elle est captée dans un massif en maçonnerie.

L'eau Chevarier est limpide, d'une saveur acidule et un peu sulfureuse ; conservée en bouteille, elle dépose quelques flocons ferrugineux et répand une odeur très-prononcée d'hydrogène sulfuré. En raison de cette saveur sulfureuse et de sa température, elle est peu fréquentée par les buveurs.

Voici sa composition déterminée par M. J. Lefort :

Chlore	0ᵍ101	Bicarbonate de soude		0ᵍ773
Acide carbonique	2.399	— potasse		0.426
— sulfhydrique	indices	— chaux		0.228
— sulfurique	0.105	— magnésie		0.101
— crénique	traces.	— fer		0.010
Potasse	0.220	Sulfate de soude		0.186
Soude	0 471	Chlorure de sodium		0.173
Chaux	0.088	Arséniate de soude		traces.
Magnésie	0.032	Crénate de fer		traces.
Lithine	traces.	Lithine		traces.
Silice	0.078	Silice		0.078
Protoxyde de fer	0.004	Acide carbonique libre		1.512
Arsenic	indices	— sulfhydrique		indices
Matières organiques	traces.			
Résidu sec	1.580	Total		3.487

Elle contient 22 milligrammes de chlorure de lithium par litre.

12ᵉ Fontaine du Petit-Rocher.

L'eau du Petit-Rocher, très-voisine de la précédente, possède les qualités signalées à propos des sources du groupe Désaix; elle est très-limpide, d'une saveur aigrelette et un peu ferrugineuse. Elle pétille quand on l'agite ou qu'on débouche une bouteille qui la contient, et elle dégage une grande quantité d'acide carbonique. Grâce à ce gaz carbonique, elle se conserve parfaitement en bouteilles bien fermées et elle s'exporte facilement.

Pendant la saison des bains, c'est une des plus fréquentées de Châteauneuf.

Sa température est de 21°5 et sa composition est représentée par l'analyse suivante due à M. J. Lefort :

Chlore	0ᵍ154	Bicarbonate de soude...	0ᵍ528
Acide carbonique.	3.030	— potasse..	0.539
— sulfurique.	0.153	— chaux...	0.545
— crénique	traces.	— magnésie.	0.126
Potasse	0.296	— fer....	0.042
Soude	0.465	Sulfate de soude.	0.271
Chaux	0.212	Chlorure de sodium....	0.283
Magnésie.	0.040	Arséniate de soude...	traces.
Lithine.	traces.	Crénate de fer.	traces.
Silice.	0.100	Lithine.	traces.
Protoxyde de fer.	0.018	Silice.	0.100
Arsenic	traces.	Acide carbonique libre..	2.024
Matières organiques	traces.		
Résidu sec.	2.340	Total.	4.458

Nous y avons dosé 20 milligrammes de chlorure de lithium par litre.

HAMEAU DU CHAMBON.

Sur la rive droite de la Sioule, à deux kilomètres de l'établissement des Grands-Bains chauds et près du hameau du Chambon, on trouve deux sources minérales froides qu'il nous reste à mentionner.

13° Source Chambon-Lagarenne.

La source Chambon-Lagarenne est enfermée dans un pavillon circulaire. Son débit est très-faible, mais il pourrait, sans aucun doute, être augmenté, car des suintements et des dégagements nombreux d'acide carbonique, dans son voisinage, montrent que l'eau minérale abonde dans cette partie de Châteauneuf. Du reste, tout à côté, au rez-de-chaussée d'un bâtiment qui vient d'être restauré, existaient autrefois des piscines qui devaient être alimentées par des sources abondantes.

L'eau de Chambon-Lagarenne est limpide, gazeuse, acidule. Elle se conserve fort bien en bouteilles sans contracter de mauvaise odeur.

Sa température est de 18°5.

Une analyse, que nous avons effectuée en 1876, a fourni les résultats suivants :

COMPOSITION RAPPORTÉE A 1 LITRE.

Acide carbonique	2ᵍ981	Acide carbonique libre		1ᵍ549
— sulfurique	0.070	Bicarbonate de soude		0.914
— silicique	0.112	—	potasse	0.385
— arsénique	traces.	—	chaux	0.772
Chlore	0.149	—	magnésie	0.416
Potasse	0.181	—	fer	0.050
Soude	0.595	Sulfate de soude		0.125
Lithine	0.012	Chlorure de sodium		0.198
Chaux	0.302	—	lithium	0.035
Magnésie	0.130	Arséniate de soude		traces.
Protoxyde de fer	0.023	Silice		0.112
Matières organiques	traces.	Matières organiques		traces.
Poids des combinaisons anhydres, les carbonates étant à l'état de carbonates neutres	2.250	Total, non compris l'acide carbonique libre		3.007
		Total, y compris l'acide carbonique libre		4.556

Il faut remarquer une proportion de bicarbonate de magnésie, qui donne à l'eau de Chambon-Lagarenne des propriétés laxatives ou du moins qui neutralisent l'effet astringent du sel de fer. Cette eau se rapproche, sous ce rapport, des sources du Pavillon et Salneuve.

C'est aussi une des plus lithinées parmi les eaux de Châteauneuf.

14° Source Morny-Châteauneuf.

Cette source, la plus éloignée de l'établissement du Grand-Bain chaud, jaillit à une trentaine de mètres de la précédente, au bas de la montagne sur laquelle est construit le château, sur la rive droite et à quelques mètres de la Sioule.

L'eau minérale est limpide, très-gazeuse, d'une saveur aigrelette, et elle se conserve en bouteilles sans développer d'odeur sulfureuse.

Sa température est de 17°5.

M. J. Lefort, qui en a fait l'analyse en 1876, a obtenu les résultats suivants :

Acide carbonique.	3ᵍ962	Acide carbonique libre. .	2ᵍ351
— sulfurique	0.092	Bicarbonate de soude . . .	0 968
— chlorhydrique . . .	0.105	— potasse . .	0.135
— silicique	0.120	— lithine. . . indices
— arsénique.	traces.	— chaux. . .	1.015
— iodhydrique	indices	— magnésie .	0.390
Soude	0.566	— fer.	0.055
Potasse	0.069	— mangnˢᵉ. . traces.
Chaux.	0.395	Chlorure de sodium. . . .	0.169
Magnésie	0.122	Sulfate de soude.	0.163
Lithine.	traces.	Silice.	0.120
Oxyde de manganèse . . .	traces.	Arséniate de soude.	traces.
Péroxyde de fer.	0.025	Matières organiques. . . .	traces.
Matières organiques . . .	indices		
Résidu sec. . . .	2.230	Total.	5.366

Elle contient, comme la précédente, 35 milligrammes de chlorure de lithium par litre.

Eaux thermo-minérales.

Les établissements balnéaires de Châteauneuf sont situés dans les hameaux des Méritis et des Bordats, éloignés l'un de l'autre de 800 à 900 mètres.

Ils comprennent actuellement huit sources, réparties ainsi qu'il suit :

Hameau des Méritis.
{
Grand-Bain chaud.
Bain Auguste.
Bain Julie.
Bain tempéré.
Bain de la Chapelle.
}

Hameau des Bordats.
{
Bain du Petit-Rocher.
Bain Marie-Louise.
Bain de la Rotonde.
}

Ces différentes sources alimentent des piscines et, depuis peu, quelques baignoires. Elles dégagent en abondance l'acide carbonique et déposent sur le sol et les parois des piscines une matière rouge ocreuse contenant beaucoup d'oxyde de fer.

Ces eaux sont limpides à leur point d'émergence, mais elles ne tardent pas à louchir après quelque temps de séjour dans les piscines. Elles contiennent de plus, comme quelques-unes des sources froides, une matière organique dont le développement pourrait bien, selon nous, coïncider avec la production d'une petite quantité d'hydrogène sulfuré. Elles répandent, en effet, l'odeur de ce gaz lorsqu'on les conserve dans des bouteilles bouchées.

Les sources thermales de Châteauneuf sont très-abondantes

et leur débit vient d'être encore augmenté, dans chaque établissement, par la découverte d'une source nouvelle qui ne le cède pas aux anciennes ; elles peuvent donc alimenter plusieurs piscines où l'eau se renouvelle incessamment. Comme ces piscines sont établies sur les griffons eux-mêmes, il en résulte que les baigneurs profitent de toute la chaleur primitive de la source et, d'autre part, de la grande quantité d'acide carbonique qui se dégage et qui forme sur les corps qui y sont plongés une infinité de bulles dont l'action est bien connue. Ces deux circonstances sont fort appréciées des médecins et des malades.

Ajoutons qu'à Châteauneuf, les bains de piscine sont variés sous le rapport de la température et de la minéralisation, et forment une gamme assez étendue mise à profit par les médecins pour graduer leurs traitements. L'adjonction de baignoires vient encore accroître cette variété en permettant des mélanges préparés à volonté.

HAMEAU DES MÉRITIS

15° Source du Grand-Bain chaud.

C'est la source principale de l'établissement des Méritis, appartenant à la société Viple. Elle est située sur la rive gauche de la Sioule, tout au bord de la rivière, au rez-de-chaussée d'un bâtiment qui date de 1834. On trouve là deux belles piscines séparées par un mur en maçonnerie ; l'une est destinée aux hommes, l'autre aux dames, et elles peuvent contenir chacune une vingtaine de personnes.

Le renouvellement de l'eau minérale s'y fait assez facilement, la source donnant par plusieurs issues environ 160

litres par minute. Il serait peut-être possible d'augmenter
encore ce débit à certains moments, aujourd'hui que l'on vient
de construire une digue pour protéger les bains contre l'in-
vasion de la rivière. On sait, en effet, depuis les remarquables travaux de M. J. François, qu'on peut obtenir au moment des grandes eaux, et par suite de la pression qui en
résulte, un débit plus considérable pour les sources voisines,
la température et la minéralisation restant les mêmes ou se
montrant supérieures.

La température de la source du Grand-Bain chaud, à son
point d'émergence, est de 36°6. Ce chiffre a été déterminé
le 15 avril 1877, par M. Finot, en présence de MM. J. Lefort,
Boudet, Durif, Viple et Richard.

La composition de l'eau est donnée par l'analyse suivante de M. J. Lefort :

Chlore	0ᵍ233	Bicarbonate de soude	1ᵍ296
Acide carbonique	2.666	— potasse	0.540
— sulfurique	0.267	— chaux	0.314
— crénique	traces.	— magnésie	0.204
Potasse	0.279	— fer	0.034
Soude	0.900	Sulfate de soude	0.470
Chaux	0.122	Chlorure de sodium	0.395
Magnésie	0.065	Arséniate de soude	traces.
Lithine	traces.	Crénate de fer	traces.
Silice	0.101	Lithine	traces.
Protoxyde de fer	0.027	Silice	0.101
Matières organiques	traces.	Matières organiques	traces.
		Acide carbonique libre	1.195
Résidu sec	3.071	Total	4.549

Nous y avons trouvé, de plus, 30 milligrammes de chlorure de lithium par litre.

16° Source du Bain Auguste.

Tout à côté de la Buvette et du Grand-Bain chaud se trouve une petite piscine appelée Bain Auguste et qui peut contenir cinq à six personnes.

L'eau de cette source est un peu plus froide (32°) que celle de la précédente, mais sa composition n'en diffère pas sensiblement, comme le montre l'analyse suivante de M. J. Lefort :

Chlore	0g265	Bicarbonate de soude	1g454
Acide carbonique	2.549	— potasse	0.498
— sulfurique	0.241	— chaux	0.448
— crénique	traces.	— magnésie	0.209
Potasse	0.259	— fer	0.032
Soude	0.971	Sulfate de soude	0.428
Chaux	0.174	Chlorure de sodium	0.449
Magnésie	0.066	Arséniate de soude	traces.
Lithine	traces.	Crénate de fer	traces.
Silice	0.122	Lithine	traces.
Protoxyde de fer	0.014	Silice	0.122
Arsenic	traces.	Matières organiques	traces.
Matières organiques	traces.	Acide carbonique libre	1.019
Résidu sec	3.154	Total	4.659

Comme la précédente, l'eau du Bain Auguste contient par litre 30 milligrammes de chlorure de lithium.

17° Source du Bain Julie.

18° Source du Bain tempéré.

Ces deux sources, situées à quelques pas des précédentes, sont enfermées dans un même bâtiment que l'on appelait autrefois établissement des Bains de César.

Le Bain Julie ne contient qu'une piscine et une douche servant aux deux sexes à des heures différentes et qui peut recevoir cinq ou six personnes.

La source fournit seulement vingt litres par minute et, d'après les observations de M. Pénissat, l'eau viendrait, en partie du moins, de la source du Grand-Bain chaud. Sa température est de 32°.

La source du Bain tempéré, qui fournit environ 100 litres à la minute à la température de 35°, alimente deux piscines, l'une pour les hommes, l'autre pour les dames, et pouvant contenir chacune 14 ou 15 personnes. Des douches sont installées dans l'établissement.

Bien que les deux sources soient voisines, elles paraissent distinctes ; ainsi, la vidange de la piscine Julie n'influence pas le volume des autres, comme cela arrive pour Julie et le Grand-Bain chaud.

Ces eaux contiennent encore la proportion de 30 milligr. de chlorure de lithium par litre. Voici, du reste, l'analyse qu'en a donnée M. J. Lefort :

	Bain Julie.	Bain tempéré.
Chlore	0g241	0g267
Acide carbonique.	3.574	2.746
— sulfurique	0.249	0.265
— crénique	traces.	traces.
Potasse.	0.299	0.285
Soude.	0.920	0.922
Chaux	0.152	0.156
Magnésie	0.061	0.067
Lithine	traces.	traces.
Silice	0.126	0.121
Protoxyde de fer.	0.016	0.012
Arsenic.	traces.	traces.
Matières organiques.	traces.	traces.
Résidu desséché . . .	2.896	3.080

	Bain Julie.	Bain tempéré.
Bicarbonate de soude.	1ᵍ352	1ᵍ288
— potasse. . . .	0.575	0.551
— chaux	0.391	0.401
— magnésie . .	0.191	0.212
— fer.	0.036	0.027
Sulfate de soude	0.442	0.470
Chlorure de sodium.	0.411	0.451
Arséniate de soude.	traces.	traces.
Crénate de fer.	traces.	traces.
Lithine	traces.	traces.
Silice.	0.126	0.121
Acide carbonique libre. . . . :	1.457	1.318
Totaux	4.981	4.839

19° Bain de la Chapelle.

Cette nouvelle source, qui vient d'être découverte près de la Chapelle, à proximité de l'Etablissement, promet un heureux complément à l'installation balnéaire des Méritis. En effet, elle a une température de 36° et un débit de 100 litres par minute.

L'eau est limpide à son point d'émergence, mais elle ne tarde pas à louchir quand elle est exposée à l'air. Sa saveur est acidule et un peu ferrugineuse ; elle dépose un sédiment ocracé.

L'analyse que nous en avons faite peu de temps après sa découverte nous a donné les résultats suivants :

COMPOSITION RAPPORTÉE A 1 LITRE.

Acide carbonique	2^{s}732	Acide carbonique libre	1^{s}050
— sulfurique	0.250	Bicarbonate de soude	2.080
— silicique	0.135	— potasse	0.447
— crénique	traces.	— chaux	0.350
— arsénique	traces.	— magnésie	0.192
Chlore	0.289	— fer	0.026
Potasse	0.210	Sulfate de soude	0.445
Soude	1.086	Chlorure de sodium	0.437
Lithine	0.011	— lithium	0.031
Chaux	0.136	Arséniate de soude	traces.
Magnésie	0.060	Crénate de fer	traces.
Protoxyde de fer	0.012	Silice	0.135
Matières organiques	traces.	Matières organiques	traces.

Poids des combinaisons anhydres, les carbonates étant à l'état de carbonates neutres. 3.222

Total, non compris l'acide carbonique libre. 4.143
Total, y compris l'acide carbonique libre. 5.193

HAMEAU DES BORDATS

Le groupe des Bordats comprend deux établissements : le Petit-Rocher, qui appartient à M. Richard, et la Rotonde, qui fait partie de la société Viple.

20° Source du Petit-Rocher.

La source des Bains du Petit-Rocher se trouve sur la rive gauche du ruisseau les Cubes, à quelques pas de la Buvette dont il a été question à propos des eaux froides.

Elle est renfermée dans un bâtiment comprenant deux piscines rectangulaires très-allongées qui peuvent contenir douze ou quinze personnes. Son débit est de 70 à 80 litres par minute, et sa température 28°2. Elle dégage de l'acide carbonique en abondance et aussi une petite quantité d'hydrogène sulfuré. A l'étage supérieur sont installées des baignoires alimentées à l'aide de pompes qui y amènent soit de l'eau minérale, soit de l'eau douce.

Voici l'analyse qui a été publiée par M. Lefort :

Chlore.	0g201	Bicarbonate de soude. . .	0g915
Acide carbonique.	2.350	— potasse . .	0.430
— sulfhydrique	indices	— chaux. . .	0.408
— sulfurique.	0.179	— magnésie .	0.175
— crénique	traces.	— fer.	0.022
Potasse	0.222	Sulfate de soude.	0.428
Soude	0.704	Chlorure de sodium. . . .	0.340
Chaux	0.158	Arséniate de soude	traces.
Magnésie	0.055	Crénate de fer.	traces.
Lithine.	traces.	Silice	0.095
Silice.	0.095	Acide carbonique libre. .	1.155
Protoxyde de fer.	0.010	— sulfhydrique	traces.
Arsenic	indices		
Matières organiques.	traces.		
Résidu net.	2.350	Total.	3.968

Nous y avons dosé 35 milligr. de chlorure de lithium.

21° Source Marie-Louise.

C'est encore sur la rive gauche du petit ruisseau les Cubes, entre la Fontaine et les Bains Chevarier, que M. Richard a découvert la source Marie-Louise, qui complète son établissement par l'adjonction d'une source chaude très-abondante.

Sa température est, en effet, de 34°4. C'est le chiffre obtenu par M. Finot le 15 août 1877, en même temps qu'il déterminait la température exacte de la source des Grands-Bains chauds et en présence des mêmes personnes.

Comme toutes ses congénères, elle est limpide au sortir du sol et elle louchit à l'air au bout de quelque temps. Sa saveur est acidule puis saline, son odeur un peu sulfureuse. Elle dégage beaucoup d'acide carbonique.

Voici l'analyse qu'en a faite M. Finot en 1877 :

Silice	0^g090	Bicarbonate de soude. . .	1^g513
Chlore	0.176	— potasse. .	0.142
Acide carbonique	2.869	— chaux . .	0.387
— sulfurique	0.162	— magnésie.	0.133
— sulfhydrique	traces.	— fer	0.010
— phosphorique	traces.	Sulfate de soude	0.288
— crénique	traces.	Phosphate de soude. . . .	0.001
Potasse	0.073	Chlorure de sodium. . . .	0.241
Soude	0.879	— lithium. . .	0.035
Chaux	0.150	Arséniate de soude	traces.
Magnésie	0.041	Crénate de fer.	traces.
Lithine	0 006	Silice	0.090
Alumine	0.001	Alumine.	0.001
Protoxyde de fer	0.004	Manganèse	traces.
Manganèse	traces.	Acide carbonique libre. .	1.580
Arsenic	traces.		
Matières organiques.	traces.		
Résidu sec	2.152	Total.	4.421

22° Source de la Rotonde.

La source de la Rotonde, qui alimente un établissement appartenant à la société Viple, est située sur la rive droite du ruisseau les Cubes, en face de la source Marie-Louise. Au rez-de-chaussée se trouve une belle piscine, la plus vaste de Châteauneuf, alimentée par deux griffons qui donnent ensemble 90 litres à la minute.

L'eau de la Rotonde est, à l'émergence, limpide et inodore, d'une saveur acidule et un peu ferrugineuse ; exposée à l'air, elle louchit, devient onctueuse au toucher par suite de la production de matière organique.

M. J. Lefort en a donné l'analyse suivante :

Chlore	0ᵍ222	Bicarbonate de soude	1ᵍ209
Acide carbonique	3.033	— potasse	0.664
— sulfurique	0.167	— chaux	0.257
— crénique	traces	— magnésie	0.145
Potasse	0.343	— fer	0.028
Soude	0.788	Sulfate de soude	0.296
Chaux	0.101	Chlorure de sodium	0.375
Magnésie	0.046	Arséniate de soude	traces.
Lithine	traces.	Crénate de fer	traces.
Silice	0.095	Lithine	traces.
Protoxyde de fer	0.012	Silice	0.095
Arsenic	traces.	Matière organique	traces.
Matière organique	traces.		
Résidu sec	2.300	Total	4.799

Telles sont les sources minérales qui, par leur nombre et par leur importance, font de Châteauneuf une des premières stations d'Auvergne. Si l'affluence des baigneurs n'y est pas, tant s'en faut, aussi considérable qu'à Royat, au Mont-Dore, à la Bourboule, à Saint-Nectaire, il faut, en grande partie, attribuer ce fait à un ancien défaut d'installation, au manque de confortable qui attire les étrangers.

Autrefois, l'état de la station était déplorable, « les che-
» mins, dit M. Nivet (1), sont tellement étroits, rapides et
» mal entretenus, qu'on ne peut arriver au village des
» Méritis qu'en litière ou à dos de mulet. Après avoir vaincu
» ces difficultés, les malades ont pour tout refuge trois ou
» quatre mauvaises auberges où ils sont mal logés et mal
» nourris. Les piscines sont très-sales et les deux sexes
» s'y baignent en commun. »

Hâtons-nous d'ajouter que cet état de choses a bien changé. Les voies d'accès sont bonnes, les piscines sont

(1) Nivet. *Dictionnaire*, etc., p. 36.

nombreuses, séparées, nettoyées. De nouveaux hôtels ont été construits et les établissements se pourvoient de tous les accessoires que l'on rencontre dans les stations les mieux douées. Il y a lieu de croire, par conséquent, que Château- neuf prendra désormais le rang que lui assignent l'excellence de ses eaux minérales.

M. le docteur Boudet, médecin consultant à Châteauneuf, résume ainsi qu'il suit une intéressante étude médicale sur cette station : « Au point de vue général, ces eaux convien- nent dans toutes les affections où le sang est appauvri, l'organisme débilité, la constitution affaiblie. Au point de vue particulier, *toniques* en même temps que *dialytiques* (Gubler) par leurs sels alcalins et l'énorme dose de lithine qu'elles renferment, elles réussissent admirablement dans le rhumatisme et les autres dérivés de l'arthritis. Ferrugi- neuses et riches en acide carbonique, elles donnent d'excel- lents résultats dans les anémies, les chloro-anémies et dans les affections des voies digestives, notamment dans les dys- pepsies atoniques. »

CHATELDON

La petite ville de Châteldon est située sur les pentes des montagnes du Forez, à l'entrée de deux vallées qui débou- chent dans la Limagne, à quatre kilomètres du confluent de la Dore et de l'Allier, dans l'arrondissement de Thiers.

On y rencontre des eaux minérales qui ont été découvertes en 1774 et étudiées avec le plus grand soin, sous le rapport de leur composition et de leurs propriétés, par le docteur

Desbrest, qui en était l'intendant. L'ouvrage qu'il a publié en 1778 (1) en a commencé la réputation.

Les sources forment deux groupes distincts, alimentant deux établissements : les *sources des Vignes*, appartenant à la famille Desbrest, et les *sources de la Montagne*, qui sont la propriété de M. Tapon.

Sources des Vignes.

Elles sont au nombre de trois, à 500 mètres environ de la ville, sur la rive droite d'un ruisseau nommé Voiziron, et renfermées dans le même établissement qui contient, outre les buvettes, quelques cabinets de bains.

La plus ancienne, celle qui a été découverte la première par le docteur Desbrest, est contenue dans un bassin carré et on lui donne le nom de *Puits carré*.

La seconde, qui jaillit à quelques mètres, est captée dans un bassin circulaire, c'est le *Puits rond*.

Enfin, la troisième, découverte en avril 1853 par le docteur Desbrest, petit-fils du précédent, est aménagée dans un bassin de forme ronde et a reçu le nom de *Source Sainte-Eugénie*.

Leur débit et leur température sont respectivement :

	Litres par minute.	Température.
Puits carré.	2.7	13°6
Puits rond.	3.2	13.2
Source Sainte-Eugénie	4	11

Ces eaux sont limpides, très-gazeuses ; leur saveur est

---

(1) Desbrest. *Traité des Eaux minérales de Châteldon, Vichy et Haute-rive;* Moulins, 1778.

aigrelette et un peu ferrugineuse. Elles abandonnent un sédiment ocreux. L'acide carbonique se dégage constamment des sources en produisant un bruissement qui augmente d'intensité à l'approche des orages, comme cela arrive dans la plupart des sources minérales gazeuses, par suite de la diminution de la pression atmosphérique.

La composition de l'eau de Châteldon a été déterminée par plusieurs chimistes. Après Desbrest, Fourcy en fit l'analyse sous les yeux de Raulin (1), inspecteur général des eaux minérales. Sage, démonstrateur de chimie, s'en occupa aussi quelque temps après, puis Desbrest fils et Regnier, O. Henry et Boullay (2) (1838) ; l'Ecole des Mines (1852) et enfin M. Bouquet, en 1854 (3).

Ce dernier analysa les eaux du Puits carré et du Puits rond et obtint les résultats suivants :

	Puits carré.	Puits rond.
Acide carbonique libre.	2s429	2s308
Bicarbonate de soude.	0.232	0.629
— potasse.	0.048	0.092
— magnésie	0.247	0.367
— chaux	0.912	0.427
— fer.	0.026	0.037
Sulfate de soude.	0.035	0.035
Phosphate de soude.	0.281	0.117
Arséniate de soude.	traces.	traces.
Chlorure de sodium.	0.008	0.016
Silice.	0.062	0.100
Matières organiques.	traces.	traces.
	4.280	5.128

(1) Raulin. *Parallèle des Eaux minérales de France et d'Allemagne*, p. 104 ; Paris, 1777.

(2) *Bulletin de l'Académie de Médecine*, t. II, p. 170 ; 1838.

(3) Bouquet. *Histoire chimique des Eaux minérales et thermales de Vichy*, etc. ; Paris, 1855.

Nous avons nous-même trouvé pour la source Sainte-Eugénie la composition suivante :

COMPOSITION RAPPORTÉE A 1 LITRE.

Acide carbonique	3ᵍ420	Acide carbonique libre . .	1ᵍ800
— sulfurique	0.016	Bicarbonate de soude . . .	0.635
— silicique	0.089	— potasse . .	0.053
— phosphorique	0.056	— chaux . . .	1.512
— arsénique	traces.	— magnésie .	0.444
Chlore	0.010	— fer	0.033
Potasse	0.025	Sulfate de soude	0.029
Soude	0.304	Phosphate de soude	0.112
Lithine	traces.	Chlorure de sodium . . .	0.016
Chaux	0.588	— lithium	traces.
Magnésie	0.120	Arséniate de soude	traces.
Protoxyde de fer	0.015	Silice	0.089
Matières organiques	traces.	Matières organiques . . .	traces.
Poids des combinaisons anhydres, les carbonates étant à l'état de carbonates neutres	2.041	Total, non compris l'acide carbonique libre	2.923
		Total, y compris l'acide carbonique libre . . .	4.723

Il faut remarquer, dans ces analyses des sources des Vignes, une très-faible proportion de chlorure de sodium et, par contre, une quantité notable de phosphate de soude. Ce sont des eaux ferrugineuses acidules.

Sources de la Montagne.

En remontant le ruisseau on trouve, sur sa rive gauche et à un kilomètre de Châteldon, les sources de la Montagne. Elles sont au milieu d'un bois appelé *Goutte Salade,* qui renferme, en outre, de nombreux suintements d'eau minérale.

Dans un espace de quatre mètres carrés environ se rencontrent trois sources renfermées dans des bassins circulaires.

Les deux premières ont la plus grande analogie dans leurs propriétés physiques et chimiques ; on les a réunies dans le même bassin et elles forment la source *Andral*. L'autre porte le nom de source du *Mont-Carmel*, emprunté à une chapelle située dans le voisinage et dédiée à N.-D. du Mont-Carmel.

La source Andral a une température de 9°5 ; celle du Mont-Carmel de 10°. Leurs eaux sont limpides et d'une saveur acidule légèrement ferrugineuse.

MM. Gonod et O. Henry en ont fait l'analyse, en 1858, et sont arrivés aux résultats suivants rapportés à un litre :

	Source Andral	Source du M.-Carmel.
Acide carbonique libre	2ᵍ178	1ᵍ885
Bicarbonate de chaux.	0.516	0.666
— magnésie . . .	0.268	0.198
— soude	0.381	0.424
— potasse.	0.003	0.005
— fer	0.035	0.030
Sulfate de soude	0.050	0.090
Chlorure de sodium.	0.030	0.025
Iodure et bromure alcalins. . .	non douteux.	non douteux.
Silice, alumine, phosphate, arsenic, matière organique. . .	0.110	0.101
	3.571	3.424
Principes fixes.	1.393	1.539

Les eaux de Châteldon sont surtout des eaux de table, des eaux digestives. Elles fortifient les estomacs faibles et paresseux, favorisent les digestions languissantes (Nivet). Elles présentent des applications dans les cas de gravelle ou de catarrhe vésical où l'état des reins ou de la vessie ne permet pas une médication active ; enfin, elles paraissent avoir été employées avec avantage dans le cours des fièvres intermittentes (Desbrest).

CHATELGUYON

Le village de Châtelguyon doit son nom à ce que *Guy II*, comte d'Auvergne, fit construire vers 1185 un *châtel* au sommet d'un petit monticule et autour duquel des constructions s'élevèrent bientôt. Il est situé sur le bord occidental de la Limagne, à 7 kilomètres de Riom, et il possède de nombreuses sources minérales qui jaillissent sur les deux rives d'un petit ruisseau, le Sardon.

Ces sources sortent, dit M. Lecoq (1), au point de jonction des terrains tertiaires et des terrains primitifs, et semblent se rattacher à une émission de porphyre quartzifère qui s'est fait jour dans cette vallée.

Elles sont très-nombreuses, car, outre un grand nombre de petits filets d'eau minérale qui sourdent presque à chaque pas dans la vallée, et qui sont marqués par des dégagements d'acide carbonique et des dépôts ocreux, on ne compte pas moins de 14 sources plus ou moins importantes.

Ces eaux alimentent deux établissements distincts qui portent les noms de leurs propriétaires, MM. Brosson et Barse.

Le premier comprend vingt-deux baignoires, dix cabinets de bains avec appareil pour les douches et deux belles piscines où l'eau minérale se renouvelle constamment.

(1) Lecoq. *Les Eaux minérales du massif central de la France....* Paris, 1864.

L'établissement Barse ne comprend que quelques baignoires et deux piscines.

Actuellement, ces deux établissements sont réunis entre les mains d'une Compagnie qui se propose d'introduire diverses améliorations dans cette importante station thermale.

Voici les noms des sources principales avec leur position relative, leur débit et leur température :

1° *Source Deval*. Cette source, une des plus importantes de la station, se trouve à 2 mètres de l'angle sud-ouest de l'établissement Brosson, sur la rive droite du ruisseau ; elle jaillit dans une vasque circulaire élevée et donne 63 litres par minute. Nous avons trouvé 32°1 pour sa température.

2° *Source du chaume*. Elle est très-voisine de la précédente et il y a tout lieu de croire qu'elle n'en est qu'une ramification.

3° *Sources de la Planche et du Réservoir*. Ces sources sont au nombre de trois et jaillissent sur la rive gauche du Sardon, vis-à-vis l'établissement Brosson. La première, qui fournit 4 litres d'eau par minute, à la température de 24°, doit son nom à une passerelle ou planche établie autrefois sur le ruisseau ; les deux autres, très-voisines et d'un débit à peu près égal au précédent, ont une température de 31°. Autrefois on accumulait leurs eaux dans un réservoir, ce qui leur a valu le nom qu'elles portent, mais aujourd'hui elles sont à peine utilisées.

4° *Sources du Sopinet*. Les sources du Sopinet sont au nombre de deux, situées également sur la rive gauche ; la principale, qui sourd à 7m40 de l'angle est de l'hôtel des Thermes avec une température de 33°, débite environ 60 litres

par minute ; elle est conduite dans l'établissement Brosson.
La seconde constitue une buvette assez mal aménagée et qui
est peu fréquentée ; on l'emploie toutefois à Châtelguyon
pour faire le pain et on suppose qu'elle facilite la fermentation
de la pâte ; ce qui est plus certain, c'est qu'elle donne au
pain une certaine saveur que l'on obtient ailleurs par l'emploi
du sel ; son débit est de quelques litres par minute et sa
température de 20°4.

5° *Sources du Gargouilloux.* Ces sources, qui portent encore
le nom d'*Azan,* sont aussi sur la rive gauche du Sardon. La
principale, dont la température est de 32°5, sort à 5ᵐ40 de
l'angle de l'hôtel des Bains. Elle alimentait autrefois un
établissement qui n'existe plus.

6° *Source du Rocher.* La source du Rocher est plus éloignée que les précédentes du ruisseau et de l'établissement
Brosson ; elle jaillit d'un rocher par une fissure en dégageant
beaucoup d'acide carbonique. Sa température est de 24° et
son débit 3 litres par minute. Elle n'est pas actuellement
utilisée.

7° *Source de la Vernière.* Cette source, qui alimente l'établissement Barse, se trouve sur la rive droite du ruisseau,
dans l'angle même du bâtiment ; elle ne fournit par minute
que 7 litres d'eau minérale à la température de 27°5. Elle
est très-voisine des suivantes, qui sourdent tout autour de
l'établissement, et qui ont sans doute la même origine.

8° *Buvette de la Vernière.* C'est vraisemblablement un
filet dérivé de la précédente que l'on a aménagé dans une
vasque recouverte d'un kiosque au devant de l'établissement.
Son débit est faible et sa température 26°1.

9° *Source du Sardon*. La source du Sardon, qui produit 83 litres par minute, est signalée en 1865 par M. J. Lefort comme ayant une température de 35° ; nous l'avons trouvée à 32°2 seulement en 1878. Elle sort d'un rocher dans le lit même du ruisseau, néanmoins on a pu l'utiliser dans l'établissement.

10° *Source des Vernes*. Elle est voisine de la source du Sardon, dont elle n'est peut-être qu'un filet dérivé très-peu abondant. Sa température n'est que de 16° ; mais on conçoit qu'un trajet même court suffise à refroidir une eau d'un si faible débit.

11° *Source nouvelle Barse*. A quelques pas des sources précédentes, en remontant le ruisseau et sur sa rive gauche, des fouilles pratiquées en janvier 1878 par M. Barse ont mis au jour une source très-abondante et dont la température était alors 26°3. Nul doute que cette découverte ne constitue une amélioration notable pour le service de l'établissement.

Telles sont les principales sources que l'on rencontre actuellement à Châtelguyon. Leur ensemble est connu depuis très-longtemps ; en 1670, Duclos les signale comme « contenant beaucoup de matières fixes, composées également de sel et de terre. Le sel fondu et poussé au feu fume et pousse une odeur d'esprit de sel ordinaire. ». Ce dernier caractère devait frapper Duclos, car il était spécial aux eaux de Châtelguyon qui contiennent, on le sait maintenant, le chlorure de magnésium donnant « l'esprit de sel » par l'action de la chaleur.

Cadet, en 1774, est déjà plus explicite au sujet de la magnésie ; il trouve par l'analyse « du fer, du sel marin à base alcaline et du sel *de la nature de celui d'Epsom*. »

Raulin, inspecteur des eaux minérales du Royaume, déclare vers la même époque que « *la vertu purgative* que les eaux de Châtelguyon possèdent seules en France doit être dirigée par un médecin habile. »

Legrand-d'Aussy en 1787, Buc' Hoz en 1796, décrivent aussi l'état des lieux et apprécient les effets de ces eaux; mais ce n'est qu'en 1840 que M. Jules Barse fit l'analyse de la source de la Vernière.

Bientôt après, en 1844, M. le docteur Nivet détermina la composition des sources de la Vernière et de la Planche.

M. Chevallier fit une nouvelle analyse en 1859 et signala la présence de l'arsenic.

M. Gonod étudia de même l'eau de la source principale Brosson, où il put déceler des traces pondérables d'iode et de brome.

En 1864, M. J. Lefort publia dans les Annales de la Société d'hydrologie médicale de Paris, un remarquable travail qui contient les analyses complètes des 4 principales sources de Châtelguyon.

Nous reproduirons ici ces analyses que nous n'avons pas cru devoir recommencer, bien qu'elles datent de 24 ans; mais on peut admettre que la composition des eaux de cette station n'a pas varié sensiblement, car des dosages de magnésie, un de leurs éléments les plus importants, ne nous ont pas présenté de différences sensibles.

De plus, les analyses que nous avons faites des autres sources montrent la plus grande analogie avec les premières dues à M. J. Lefort.

POUR UN LITRE D'EAU MINÉRALE.	Source Deval.	Source des Bains. (Azan.)	Source du Rocher	Source Barse.
	gr.	gr.	gr.	gr.
Acide carbonique libre et combiné.	2.442	2.075	2.189	2.217
— chlorhydrique..	2.133	2.112	2.137	2.054
— sulfurique.	0.293	0.266	0.284	0.302
— silicique.	0.126	0.166	0.122	0.116
— arsénique.	indices.	indices.	indices.	indices.
Potasse.	0.112	0.102	0.083	0.083
Soude.	1.287	1.225	1.118	1.125
Chaux	0.990	0.968	0.980	0.986
Magnésie.	0.670	0.664	0.663	0.617
Strontiane et lithine.	indices.	indices.	indices.	indices.
Alumine	0.008	0.009	0.009	0.007
Oxyde de fer.	0.024	0.020	0.026	0.022
Matière organique bitumineuse. . .	indices.	indices.	indices.	indices.
Poids du résidu salin obtenu à 180°.	8.085 6.276	7.607 6.031	7.611 5.904	7.539 6.080

Ces résultats ont été combinés de la manière suivante :

POUR UN LITRE D'EAU MINÉRALE.	Source Deval.	Source des Bains.	Source du Rocher	Source Barse.
	gr.	gr.	gr.	gr.
Acide carbonique libre.	0.258	0.120	0.381	0.347
Chlorure de sodium.	1.617	1.757	1.780	1.849
— de potassium	0.178	0.161	0.131	0.132
— de magnésium	1.218	1.260	1.236	1.104
— de lithium.	indices.	indices.	indices.	indices.
Bicarbonate de soude.	1.054	0.699	0.412	0.341
— de chaux.	2.105	2.089	2.094	2.081
— de magnésie.	0.440	0.399	0.429	0.453
— de protoxyde de fer. .	0.054	0.044	0.052	0.042
Sulfate de chaux.	0.498	0.452	0.482	0.513
— de strontiane	indices.	indices.	indices.	indices.
Arséniate de soude	indices.	indices.	indices.	indices.
Alumine	0.008	0.007	0.010	0.008
Silice.	0.126	0.166	0.122	0.116
Matière organique bitumineuse. . .	indices.	indices.	indices.	indices.
	7.556	7.154	7.129	6.986

Pour compléter l'étude chimique des eaux de Châtelguyon, nous avons soumis à l'analyse les six autres sources qui n'avaient pas encore été l'objet d'un semblable travail.

Voici les résultats auxquels nous sommes arrivés :

COMPOSITION RAPPORTÉE A 1 LITRE.

	Source du Réservoir.	Source du Sopinet.	Source des Vernes.	Buvette de la Vernière.	Source du Sardon.	Source nouvelle Barse.
Acide carbonique . .	2^{g}200	2^{g}205	2^{g}090	2^{g}210	2^{g}200	2^{g}180
— sulfurique. . .	0.310	0.300	0.280	0.300	0.292	0.300
— silicique. . . .	0.110	0.108	0.110	0.110	0.124	0.120
— arsénique. . .	traces.	traces.	traces.	traces.	traces.	traces.
Chlore. · ·	2.105	2.110	2.085	2.210	2.080	2.102
Potasse.	0.080	0.084	0.082	0.082	0.080	0.085
Soude	1.190	0.198	1.180	1.180	1.185	1.205
Lithine.	0 010	0.010	0.010	0.010	0.010	0.010
Chaux	0.950	0.958	0.985	0.960	0.980	0.990
Magnésie.	0.635	0.642	0.640	0.640	0.638	0.632
Protoxyde de fer. .	0.024	0.022	0.020	0.020	0.025	0.025
Matières organiques.	traces.	traces.	traces.	traces.	traces.	traces.
Poids des combinaisons anhydres, les carbonates étant à l'état de carbonates neutres	5.823	5.862	5.859	6.775	5.895	5.930

Ces données peuvent conduire à la représentation suivante :

	Source du Réservoir.	Source du Sopinet.	Source des Vernes.	Buvette de la Vernière.	Source du Sardon.	Source nouvelle Barse.
Acide carbonique lib.	0ᵍ437	0ᵍ396	0ᵍ220	0ᵍ519	0ᵍ340	0ᵍ320
Bicarbonate de soude. . .	0·190	0.215	0.248	0.250	0.221	0.151
— chaux. . .	2·442	2.463	2.532	2.368	2.519	2.545
— magnésie.	0·208	0.240	0.246	0.186	0.256	0.285
— fer	0.053	0.048	0.044	0.044	0.055	0.055
Sulfate de soude. . .	0.550	0.532	0.497	0.532	0.518	0.532
Chlor. de sodium . . .	1.661	1.674	1.648	1.615	1.656	1.730
— lithium . . .	0.028	0.028	0.028	0.028	0.028	0.028
— potassium..	0.127	0.133	0.130	0.130	0.127	0.135
— magnésium.	1.355	1.347	1.337	1.383	1.326	1.289
Arséniate de soude.	traces.	traces.	traces.	traces.	traces.	traces.
Silice.	0.110	0.108	0.110	0.110	0.124	0.120
Matière organique. .	traces.	traces.	traces.	traces.	traces.	traces.
Total, non compris l'acide carbonique libre.	6.724	6.788	6.820	6.646	6.830	6.870
Total , y compris l'acide carbonique libre.	7.161	7.184	7.040	7.165	7.170	7.190

Ces nombreux résultats indiquent la plus grande ressemblance dans toutes les sources de Châtelguyon et portent à croire que si l'on parvient à augmenter le volume de l'eau dont on dispose actuellement, par la découverte de nouvelles sources, il y a peu d'espoir de rencontrer des eaux d'une minéralisation différente.

Les eaux de Châtelguyon sont, à leur émergence, limpides et incolores, mais elles louchissent bientôt à l'air; leur saveur est acidule, puis salée.

Elles possèdent une propriété qu'on ne rencontre pas dans les autres groupes du Puy-de-Dôme et qui les rend bien précieuses : ce sont des eaux purgatives. Cette propriété a paru inexpliquée à quelques personnes qui comparent Châ-

telguyon à Pullna, Sedlitz ou autres eaux contenant plus de
30 grammes de sels magnésiens par litre ; mais nous pensons
avec M. J. Lefort qu'il faut attribuer leur action à la présence
de la magnésie, qui existe dans ces eaux en proportion
notable, quoique nullement en rapport avec celle des eaux
que nous venons de citer, et surtout à cette circonstance
que la magnésie s'y trouve principalement à l'état de chlorure de magnésium. Lorsqu'on cherche, en effet, en suivant
les errements ordinaires, à représenter les combinaisons
salines qui peuvent exister dans les eaux de Châtelguyon,
on est conduit à attribuer une grande partie de la magnésie
au chlore pour en faire du chlorure de magnésium.

Nous ne saurions mieux faire, pour caractériser plus
complètement les effets thérapeutiques de ces eaux minérales,
que d'emprunter à M. le docteur Nivet le passage suivant de
son *Dictionnaire :*

« Ces eaux acidules peuvent remplir des indications différentes, suivant qu'on les administre à forte ou à faible
dose.

» Bues en petite quantité, elles servent à combattre l'a-
ménorrhée atonique, la chlorose, les engorgements scrofuleux et lymphatiques ; prises à doses élevées, elles guérissent
l'embarras gastrique et bilieux, certains engorgements des
viscères abdominaux, les hydropisies atoniques simples,
diverses maladies chroniques de l'encéphale.

» Les bains et les douches produisent, d'après Deval, des
effets surprenants dans les cas de rhumatismes articulaires
chroniques, d'engorgements lymphatiques des articulations
ou tumeurs blanches, de rétraction des muscles et des ten-

dons, de paralysies partielles ou générales, d'atrophies des membres et de fausses ankyloses (1). »

Les observations de M. le docteur Aguilhon, ancien médecin inspecteur des eaux de Châtelguyon, et celles de M. le docteur Baraduc, médecin inspecteur actuel, sont venues confirmer toutes ces assertions.

CLERMONT-FERRAND

« Tout le tour de Clermont est remply de sources admi-
» rables de telles diuerses eaux, que le vulgaire appelle
» sauces ; il y en a vne dans le fossé, du costé de Sainct-
» Alyre, prez la porte de Sainct-Pierre, qui est de présent
» murée : vers Enjaude aussi, à la sortie de la porte des
» Gras : Dans vn champ qui est à main droite du chemin de
» Beaumont, il y a vne source de même nature (2). »

Ainsi s'exprimait Jean Banc en 1605. La ville de Clermont possède, en effet, un grand nombre de sources d'eau minérale qui jaillissent au pied du monticule de wakite sur lequel elle est bâtie, mais d'un côté seulement, au nord et à l'ouest.

Toutes ces sources s'échappent d'une série de fissures commençant à Saint-Alyre, longeant la rue Sainte-Claire, traversant la place du Poids-de-ville, la rue de l'Ecu, la place de Jaude et finissant aux Salins (3).

Dans cette partie étendue de la ville comprenant les

(1) Nivet, *Dictionnaire*, p. 64, 1846.
(2) Jean Banc, p. 13, 1605.
(3) Nivet, *Dictionnaire*, p. 67, 1846.

quartiers des Salins, de Jaude, de Fontgiève, de Sainte-Claire et de Saint-Alyre, le sous-sol est formé par une couche plus ou moins épaisse de travertins déposés par des eaux incrustantes. Ces eaux, qui ont dû être très-abondantes, séjournent ou circulent encore sous ces travertins, et on ne peut creuser le sol à quelques mètres de profondeur sans faire jaillir une eau minérale. Le fait suivant, arrivé il y a huit ou dix ans, en est un exemple frappant : MM. Pallet frères, ayant creusé un puits dans un jardin situé à droite de la route qui conduit à Beaumont et à proximité du champ de foire des Salins, trouvèrent une source très-minéralisée et si abondante qu'ils résolurent de l'exploiter en construisant à la fois une buvette et une piscine. Mais au bout de peu de temps, l'eau minérale, qui se déversait dans le ruisseau voisin de Tiretaine, avait sans doute dégarni le travertin. Le sol s'affaissa sur une certaine étendue et les constructions voisines se lézardèrent. Il fallut combler le puits à grands frais, et MM. Pallet ne conservèrent qu'une buvette alimentée par trois filets d'eau donnant ensemble une cinquantaine de litres par minute.

On conçoit que, dans de telles conditions, l'état des sources minérales de Clermont-Ferrand doit varier de temps en temps : de nouvelles surgissent et il en disparaît d'anciennes ; c'est ce qui est arrivé surtout pour les eaux des quartiers Fontgiève et Sainte-Claire depuis le travail de M. Nivet en 1846, et notre nomenclature ne correspondra plus tout à fait à la sienne.

Les sources qui existent actuellement sont les suivantes, au nombre de 20, y compris la source du Puits de la Poix, située dans une autre partie du territoire de Clermont.

1. *Eaux minérales des Salins.*

1 Source des Salins.
2-3 — de M. Loiselot.
4 — de M. Pallet.
5 — du Puits artésien.
6 — de Jaude.

II. *Eaux minérales de Fontgiève.*

7 Source Bellœuf.
8 — Saint-Remy.

III. *Eaux minérales du Poids-de-Ville.*

9 Source Saint-Pierre.

IV. *Eaux minérales des quartiers Sainte-Claire et Saint-Alyre.*

10 Source Pascal.
11 — Saint-Alyre à l'établissement du pont naturel.
12 — des Bains Saint-Alyre.
13 — de l'Enclos Sainte-Claire.
14 — de Saint-Arthème.
15 — de la rue Sainte-Claire.
16 — Saint-Joseph.
17 — Alligier.
18 — de la rue des Chats.
19 — Sainte-Ursule.

1° Source des Salins.

La source des Salins, exploitée actuellement par son propriétaire, M. Bousquet, est située dans l'enclos Chauvel, à l'extrémité de la rue des Salins.

Elle est captée dans un puits rectangulaire en maçonnerie, d'une profondeur de 1m90, et surmonté d'un couvercle en zinc destiné à recueillir le gaz acide carbonique que la source émet en abondance.

Un trop-plein déverse l'eau dans un canal qui se remplit d'un dépôt ferrugineux, en même temps que deux tuyaux en plomb portent une certaine quantité de cette eau dans le jardin voisin pour alimenter une buvette.

Le débit de la source est d'environ 100 litres par minute et l'acide carbonique qui se dégage spontanément fournit dans le même temps 10 à 12 litres d'un gaz très-pur. Cet acide carbonique peut être recueilli dans un gazomètre à cloche qui alimente une fabrique d'eau de Seltz, de limonades, de vermouth mousseux et autres boissons gazeuses.

Cette utilisation de l'acide carbonique nous paraît excellente, les boissons obtenues ainsi au *gaz naturel* n'étant point exposées à renfermer des acides minéraux libres comme l'acide sulfurique.

La température de la source des Salins est sensiblement constante et oscille de 19°5 à 20°.

L'eau est limpide à la source, mais elle se trouble par l'exposition à l'air ; sa saveur est acidule, saline et ferrugineuse.

L'analyse que nous avons faite en juin 1875 nous a donné les résultats suivants :

COMPOSITION RAPPORTÉE A 1 LITRE.

Acide carbonique	3ᵍ765	Acide carbonique libre	1ᵍ694
— sulfurique	0.068	Bicarbonate de soude	0.761
— silicique	0.114	— potasse	0.355
— phosphorique	traces.	— chaux	1.638
— arsénique	traces.	— magnésie	0.675
Chlore	0.806	— fer	0.093
Potasse	0.167	— manganèse	traces.
Soude	1.015	Sulfate de soude	0.121
Lithine	0.005	Phosphate de soude	traces.
Chaux	0.637	Chlorure de sodium	1.308
Magnésie	0.211	— lithium	0.014
Protoxyde de fer	0.042	Arséniate de soude	traces.
— manganèse	traces.	Silice	0.114
Matières organiques	traces.	Matières organiques	traces.
Poids des combinaisons anhydres, les carbonates étant à l'état de carbonates neutres	3.933	Total, non compris l'acide carbonique libre	5.081
		Total, y compris l'acide carbonique libre	6.775

Cettte composition rapproche l'eau des Salins de l'eau de Jaude décrite plus loin, toutefois sa richesse en fer est plus considérable et elle est indiquée pour combattre entre autres affections, la chlorose et l'anémie.

2° Source du Puits Loiselot.

En 1863, M. Loiselot, architecte à Clermont-Ferrand, creusa un puits dans la cour de son habitation située sur la nouvelle route de Beaumont, à 200 mètres environ du champ de foire des Salins ; il obtint une eau minérale froide, acidule et très-ferrugineuse.

A une profondeur de 4 mètres, des suintements produisaient une certaine quantité d'eau dont M. Loiselot s'est débarrassé en cimentant son puits avec soin ; il traversa

ensuite une couche de travertins de 50 centimètres d'épaisseur, puis une couche de pouzzollane noire de 60 centimètres
et enfin une nouvelle couche de travertins d'une épaisseur
de 50 centimètres. Lorsque cette dernière couche fut percée,
l'eau s'établit à une hauteur constante de 2^{m}50. On l'extrait
au moyen d'une pompe.

L'eau du puits Loiselot est très-limpide ; abandonnée à
l'air elle louchit au bout de quelque temps et elle dépose dans
les bouteilles où elle est renouvelée habituellement un sédiment ferrugineux.

Sa température est de 10°.

Sa composition est indiquée par l'analyse suivante que
nous avons effectuée en 1876 :

COMPOSITION RAPPORTÉE A 1 LITRE.

Acide carbonique	2^{s}850	Acide carbonique libre	.1^{s}171
— sulfurique	traces.	Bicarbonate de soude	0.667
— silicique	0.098	— potasse	0.460
— phosphorique	traces.	— chaux	1.270
— arsénique	traces.	— magnésie	0.166
Chlore	0.454	— fer	0.432
Potasse	0.216	— manganèse	traces.
Soude	0.629	Sulfate de soude	traces.
Lithine	0.006	Phosphate de soude	traces.
Chaux	0.494	Chlorure de sodium	0.723
Magnésie	0.052	— lithium	0.018
Protoxyde de fer	0.194	Arséniate de soude	traces.
— de manganèse	traces.	Silice	0.098
Matières organiques	traces.	Matières organiques	traces.
Poids des combinaisons anhydres, les carbonates étant à l'état de carbonates neutres et le fer à l'état de sesquioxyde.	2.783	Total, non compris l'acide carbonique libre	3.834
		Total, y compris l'acide carbonique libre	5.005

Cette eau est remarquable en ce qu'elle contient une proportion notable de potasse, de beaucoup supérieure à celle que renferment les eaux minérales voisines, les Salins, le Puits artésien et Jaude. Par contre, elle ne contient que des traces de sulfate, ce qui constitue une seconde différence ; mais surtout elle a fourni à l'analyse une quantité énorme de fer, à l'état de bicarbonate. Il n'existe à notre connaissance aucune eau minérale ferrugineuse aussi riche parmi les eaux bicarbonatées ; la dose de 0^g432 par litre est, en effet, de cinq à dix fois plus forte que celle que l'on rencontre habituellement.

Si nous ajoutons que l'eau du puits Loiselot est froide et que la forte proportion d'acide carbonique qu'elle renferme dissimule assez bien la saveur ferrugineuse, on comprendra qu'elle ait été indiquée comme une eau de table à l'usage surtout des personnes dont l'état de santé réclame l'emploi des ferrugineux.

Il est curieux d'observer des différences de composition aussi profondes entre cette eau et celles qui n'en sont éloignées que de quelques centaines de mètres, ou même qui comme la suivante en sont très-voisines ; mais il faut remarquer que ces dernières ont été cherchées et obtenues à des profondeurs différentes, et surtout qu'elles jaillissent naturellement sur le sol, tandis que l'eau du puits Loiselot, venant d'une couche spéciale, ne fournit pas comme elles de courant continu et exige l'emploi d'une pompe pour être recueillie.

3° Source Anna.

En creusant la cave de la même maison Loiselot, on découvrit une source d'eau minérale qui a reçu le nom de

Source Anna et qui a été jusqu'à présent peu utilisée. Il est probable qu'elle est mélangée à une certaine quantité d'eau douce et il serait bon de la capter avec plus de soin ; mais on ne peut admettre qu'elle soit alimentée par des suintements provenant de la source précédente, l'eau douce l'ayant simplement appauvrie, car, si elle contient le fer et d'autres substances en moindre proportion, les rapports ne sont pas conservés et de plus elle renferme du sulfate de soude, sel qui fait défaut dans l'eau du puits.

Sa saveur est acidule et saline.

Sa température, qui est de 9°5, augmente un peu en été à cause du mélange d'eau douce à une température supérieure.

L'analyse nous a donné les résultats suivants :

COMPOSITION RAPPORTÉE A 1 LITRE.

Acide carbonique	1ᵍ790	Acide carbonique libre	0ᵍ810
— sulfurique	0.092	Bicarbonate de soude	0.534
— silicique	0.087	— potasse	0.059
— phosphorique	traces.	— chaux	0.679
— arsénique	traces	— magnésie	0.358
Chlore	0.360	— fer	0.026
Potasse	0.028	Sulfate de soude	0.163
Soude	0.569	Phosphate de soude	traces.
Lithine	0.004	Chlorure de sodium	0.578
Chaux	0.264	— lithium	0.011
Magnésie	0.112	Arséniate de soude	traces.
Protoxyde de fer	0.012	Silice	0.087
Matières organiques	traces.	Matières organiques	traces.
Poids des combinaisons anhydres, les carbonates étant à l'état de carbonates neutres	1.944	Total, non compris l'acide carbonique libre	2.495
		Total, y compris l'acide carbonique libre	3.305

Cette composition rapproche l'eau de la source Anna des eaux du Puits artésien, de Jaude et Pallet décrites ci-après et qui sont très-voisines ; il est vraisemblable qu'elle serait appliquée utilement aux mêmes usages.

4ᵉ Source Pallet.

Nous avons dit que MM. Pallet frères ont obtenu, il y a huit ou dix ans, une source très-abondante dans un jardin au nord du champ de foire de Clermont. Obligés de fermer le puits qui lui donnait issue, ils n'en conservèrent qu'une faible portion constituant une buvette et fournissant environ 50 litres par minute.

La température est de 21°8.

Voici les résultats de l'analyse que nous en avons faite :

COMPOSITION RAPPORTÉE A 1 LITRE.

Acide carbonique.	2ᵍ050	Acide carbonique libre . .	0ᵍ808
— sulfurique	0.067	Bicarbonate de soude . . .	0.517
— silicique	0.110	— potasse . .	0.160
— phosphorique . . .	traces.	— chaux. . .	1.002
— arsénique.	traces.	— magnésie .	0.384
Chlore.	0.385	— fer.	0.046
Potasse.	0.075	— manganèse	traces.
Soude	0.560	Sulfate de soude.	0.119
Lithine.	0.007	Phosphate de soude . . .	traces.
Chaux	0.390	Chlorure de sodium. . . .	0.608
Magnésie	0.120	— lithium. . . .	0.020
Protoxyde de fer.	0.021	Arséniate de soude	traces.
— manganèse.	traces.	Silice.	0.110
Matières organiques . . .	traces.	Matières organiques. . . .	traces.
Poids des combinaisons anhydres, les carbonates étant à l'état de carbonates neutres.	2.272	Total, non compris l'acide carbonique libre.	2.966
		Total, y compris l'acide carbonique libre.	3.774

Cette source est peu fréquentée, ou plutôt elle est à peine exploitée par son propriétaire, bien que sa composition et ses propriétés physiques la rapprochent des suivantes.

5° Source du Puits artésien.

En 1856, M. Blatin-Mazelhier entreprit de creuser un puits artésien dans un terrain, acquis de l'hospice, et qui aujourd'hui se trouve sur la route de Beaumont, vis-à-vis l'angle nord-est du champ de foire.

Ce puits, foré à 120 mètres environ, est aujourd'hui la propriété de M. Boyer, qui en afferme l'exploitation. Il fournit une eau minérale qui arrive jusqu'au niveau du sol et s'écoule dans un canal qui la conduit au ruisseau voisin de Tiretaine.

Cette eau est limpide, gazeuse et se trouble par l'exposition à l'air. Sa saveur est acidule, saline et ferrugineuse. Elle possède à la source une légère odeur de bitume. Sa température est de 22°8.

L'analyse nous a fourni les résultats suivants :

COMPOSITION RAPPORTÉE A 1 LITRE.

Acide carbonique	2ᵍ060	Acide carbonique libre	0ᵍ740
— sulfurique	0.049	Bicarbonate de soude	0.798
— silicique	0.117	— potasse	0.176
— phosphorique	traces.	— chaux	1.031
— arsénique	traces.	— magnésie	0.311
Chlore	0.396	— fer	0.072
Potasse	0.083	— manganèse	t.-sens.
Soude	0.672	Sulfate de soude	0.086
Lithine	0.007	Phosphate de soude	traces.
Chaux	0.401	Chlorure de sodium	0.653
Magnésie	0.097	— lithium	0.020
Protoxyde de fer	0.032	Arséniate de soude	traces.
— manganèse	t.-sens.	Silice	0.117
Matières organiques	traces.	Matières organiques	traces.
Brome et iode	traces.	Iodure et bromure de sodium	traces.
Poids des combinaisons anhydres, les carbonates étant à l'état de carbonates neutres	2.440	Total, non compris l'acide carbonique libre	3.264
		Total, y compris l'acide carbonique libre	4.904

La buvette du Puits artésien, convenablement installée, est aujourd'hui fréquentée par un grand nombre de personnes qui consomment l'eau sur place ou qui en emportent de petites quantités à la fois pour continuer son usage à domicile.

6° Source de Jaude.

La source de Jaude appartient à la ville de Clermont-Ferrand. Elle prend naissance à 100 mètres environ de la place de Jaude, sur la route de Beaumont et devant la porte d'entrée du jardin de M. Speiser.

Elle coulait autrefois au milieu de terres incultes et, au dire de Delarbre, elle était entourée de travertins et dans son voisinage croissaient des plantes marines, entre autres le *poa maritima*, le *glaux maritima* et le *plantago coronopus*.

En 1846, d'après M. Nivet (1), l'emplacement de la source était un jardin « situé entre la rue Jolie, le chemin des Roches-Galoubies et l'allée qui fait suite à la rue Lagarlaye, à cinquante pas environ à l'est de la barrière. » Mais déjà la source avait été couverte et un canal l'amenait jusqu'à un placard en maçonnerie, où elle arrive encore aujourd'hui sur une petite place, à côté de la porte de Jaude.

L'eau minérale qui nous occupe est une des plus anciennement remarquées à Clermont, et Jean Banc la signale spécialement en 1605, tout en constatant qu'elle n'était point encore utilisée. « *Non adhuc experta proprietas contra morbos.* »

« Elles (les sources de Clermont) ne seraient pas sans

(1) Nivet. *Dictionnaire*, etc., p. 70.

» vtilité à qui voudroit tenter leur employ, notamment celle
» qui est par delà Enjaude, dans un champ à main gauche,
» le plus proche de la sortie de la muraille dudict Enjaude.
» Cette source est fort copieuse et riche en sa descharge,
» de goust aigre et de desboire de bitume ; les feces en sont
» orangées, et ie confesseray librement ne m'estre jamais
» embesoigné de porter personne à s'en seruir. Non que ie
» n'aye toujours eu quelque ambition de recognoistre leur
» propriété par experience : Mais parceque ie n'ay jamais
» trouué personne disposée à la créance qu'elle peust
» seruir à la santé, d'autant que le vulgaire a toujours creu
» que ces Eaux auoyent esgalle proprieté de petrefier dans
» les corps viuants que sur la terre : La crainte de calomnie
» plus frequente d'être portée en Auuergne contre les
» medecins, qu'en tout autre lieu du monde, m'a retiré de
» la resolution que j'auais prise d'opiniastrer ce bon œuure.

» Cependant ie me contenteray de dire que ie recognois
» veritablement qu'elles rendroient de beaux succez contre
» les maladies, à qui s'en voudroit seruir avec ordre et
» conseil : car j'y vois beauçoup d'apparence en la simili-
» tude du meslange, qu'elles monstrent auoir auec les
» autres de pareille condition tiede (1). »

Cette appréhension au sujet des eaux minérales pétrifiantes, dont l'usage pourrait donner la gravelle, a duré
bien longtemps ; toutefois, dit M. Nivet, « les scrupules des
Clermontois se sont dissipés et les eaux de Jaude sont
fréquentées par un grand nombre de buveurs. Ces derniers
ont surtout afflué après que la buvette de Saint-Pierre a
disparu sous le bâtiment du Poids-de-Ville (2). »

(1) Jean Banc, page 112.
(2) Nivet. *Dictionnaire*, etc., p. 72.

Chose curieuse, cette source Saint-Pierre, qui autrefois alimentait une buvette et qui a disparu, a été retrouvée, comme on le verra plus loin, et elle est actuellement utilisée par M. Clémentel aîné, pour des pétrifications. Bon nombre de personnes, qui vont boire l'eau de Jaude, redouteraient d'user comme eau de table de la source Saint-Pierre, en voyant les dépôts qu'elle produit à l'établissement des Grottes du Pérou.

D'après Legrand-d'Aussy (1), la vogue dont jouit l'eau de Jaude à Clermont daterait de 1787. Aujourd'hui, non-seulement les buveurs se rendent à la source, mais moyennant cinq centimes par bouteille on emporte une très-grande quantité de cette eau que l'on consomme à Clermont comme eau de table.

L'eau de Jaude est limpide ; après quelques jours de repos elle se trouble et donne un dépôt ferrugineux.

Sa température est d'environ 22° et ne varie pas sensiblement.

Elle fournit de 20 à 25 litres par minute.

Sa composition peut être regardée comme constante, ainsi que le montrent les analyses effectuées par M. Nivet, en 1845 (2), M. J. Lefort, en 1859 (3) et par nous, en 1877.

Voici les résultats que nous avons obtenus :

(1) *Voyage en 1787 et 1788 dans la ci-devant Haute et Basse-Auvergne.* Paris, an III.

(2) Nivet. *Dictionnaire*, etc., page 74.

(3) Lefort. *Annales de la Société d'Hydrologie médicale de Paris*, t. IX, page 286.

COMPOSITION RAPPORTÉE A 1 LITRE.

Acide carbonique	2ᵍ752	Acide carbonique libre	1ᵍ580
— sulfurique	0.038	Bicarbonate de soude	0.569
— silicique	0.100	— potasse	0.116
— phosphorique	traces.	— chaux	0.797
— arsénique	traces.	— magnésie	0.448
Chlore	0.512	— fer	0.051
Potasse	0.050	— manganèse	traces.
Soude	0.668	Sulfate de soude	0.067
Lithine	0.005	Phosphate de soude	traces.
Chaux	0.310	Chlorure de sodium	0.824
Magnésie	0.140	— lithium	0.015
Protoxyde de fer	0.023	Arséniate de soude	traces.
— manganèse	traces.	Silice	0.100
Matières organiques	traces.	Matières organiques	traces.
Poids des combinaisons anhydres, les carbonates étant à l'état de carbonates neutres	2.310	Total, non compris l'acide carbonique libre	2.967
		Total, y compris l'acide carbonique libre	4.547

D'après M. le docteur Nivet, la chlorose et ses diverses complications ; l'anémie, l'embarras gastrique et la dyspepsie non compliquée de gastrite ; la leucorrhée atonique et les phlegmasies chroniques et invétérées de l'urètre et de la vessie peuvent être traitées avec succès par les eaux de Jaude.

Nous avons signalé l'usage qu'on en fait comme eau de table. Beaucoup de personnes lui préfèrent l'eau *des Roches :* C'est affaire de goût, car la composition de ces eaux ne rend pas compte de cette préférence.

7° Source Bellœuf.

Dans la cour du moulin Bellœuf, où se fabriquent actuellement des pâtes alimentaires, et à proximité du grand bras de Tiretaine, à 200 mètres au-dessus du pont de Fontgiève, jaillit une petite source d'eau minérale froide utilisée par le personnel de l'établissement.

Son débit est de quelques litres seulement par minute et sa température de 11°.

L'analyse que nous en avons faite nous a donné les résultats suivants :

COMPOSITION RAPPORTÉE A 1 LITRE.

Acide carbonique.	1ᵍ304	Acide carbonique libre. .	0ᵍ545	
— sulfurique.	0.050	Bicarbonate de soude . . }	0.236	
— silicique	0.082	— potasse . }		
Chlore.	0.243	— chaux. . .	0.360	
Potasse . . . . }	0.328	— magnésie .	0.166	
Soude . . . . }		— fer.	traces.	
Lithine.	0.003	Sulfate de soude.	0.089	
Chaux.	0.140	Chlorure de sodium. . . .	0.387	
Magnésie	0.052	— lithium. . . .	0.010	
Protoxyde de fer.	traces.	Silice	0.082	
Matières organiques . . .	traces.	Matières organiques . . .	traces.	
Poids des combinaisons anhydres, les carbonates étant à l'état de carbonates neutres.	1.074	Total, non compris l'acide carbonique libre.	1.330	
		Total, y compris l'acide carbonique libre.	1.875	

L'eau de la source Bellœuf constitue une eau de table, acidule, fort agréable.

8° Source Saint-Remy.

A quelque cinquante mètres de la précédente, au domaine de Saint-Remy et au-dessous d'un barrage établi sur le grand bras de Tiretaine, se voient de nombreuses sources minérales qui sortent du lit même du ruisseau. Le dégagement d'acide carbonique qui les fait bouillonner et le dépôt ocreux qui se produit dans le ruisseau, sur une distance d'au moins cent mètres, les signalent de loin.

Nous avons recueilli une certaine quantité de cette eau minérale, alors que le ruisseau était presqu'à sec ; mais l'eau n'en était pas moins mélangée à une petite proportion d'eau douce, et l'analyse suivante devrait être recommencée si un captage convenable isolait un jour les sources de Saint-Remy.

COMPOSITION RAPPORTÉE A 1 LITRE.

Acide carbonique.	1ᵍ200	Acide carbonique libre. .	0ᵍ662
— sulfurique.	0.056	Bicarbonate de soude . .	0.184
— silicique.	0.080	— potasse .	
Chlore.	0.154	— chaux. . .	0.424
Potasse	0.235	— magnésie .	0.256
Soude		— fer.	0.013
Lithine.	0.003	Sulfate de soude.	0.099
Chaux	0.165	Chlorure de sodium. . . .	0.242
Magnésie	0.080	— lithium. . . .	0.008
Protoxyde de fer.	0.006	Silice.	0.080
Matières organiques. . . . traces.		Matières organiques. . . . traces.	

Poids des combinaisons anhydres, les carbonates étant à l'état de carbonates neutres	1.010	Total, non compris l'acide carbonique libre.	1.306
		Total, y compris l'acide carbonique libre	1.968

9° Source Saint-Pierre.

Les divers auteurs qui ont écrit sur les eaux minérales d'Auvergne avant la fin du siècle dernier, signalent la source Saint-Pierre à Clermont-Ferrand.

Ainsi, Jean Banc dit en 1605 : « il y en a vne dans le fossé, » du costé de Sainct Alyre, prez la porte de Sainct Pierre, » qui est de présent murée (1). »

(1) Jean Banc..., p. 13. 1605.

Duclos la décrit également en 1675 et compare le sel qu'elle contient au sel marin. Chomel écrit en 1734 : « La troisième » source minérale froide est celle de Saint-Pierre, qui est » dans un des fossez de la ville. — L'eau de Saint-Pierre » de Clermont est manifestement froide, d'une saveur ai-» grette et picquante. — La résidence de six livres d'eau » pesait deux dragmes et quinze grains dont il y avait près » de deux tiers de sel (1). »

Depuis, cette source avait disparu ; Delarbre (2) constate en 1805 qu'elle est ensevelie sous le Poids-de-Ville et, en 1846, M. Nivet estime que ses eaux doivent se perdre dans le grand aqueduc de la ville.

Cette fontaine était tombée dans l'oubli, lorsqu'en 1860 des fouilles pratiquées dans la maison Saint-Joseph, en face du Poids-de-Ville, ont fait jaillir une source minérale abondante, donnant 100 litres environ à la minute. C'est sans aucun doute l'ancienne source Saint-Pierre.

M. Clémentel aîné, propriétaire de la fontaine pétrifiante des grottes du Pérou de Saint-Alyre, s'est rendu acquéreur de cette source et l'a conduite dans son établissement situé rue Neuve Sainte-Claire, où elle est depuis employée à faire des pétrifications ou incrustations.

Sa température, à son arrivée, est de 18°1. L'analyse que nous en avons faite en 1877 nous a donné les résultats consignés dans les tableaux suivants, où l'on voit à la fois la composition de l'eau à son entrée dans l'établissement, après l'épuration qu'on lui fait subir et enfin après qu'elle a pétrifié.

(1) Chomel. *Traité des Eaux minérales*, etc., p. 343 et suiv. Clermont-Ferrand, 1734.

(2) Delarbre. *Notice sur l'Auvergne*, etc., p. 199. Clermont-F^d, 1805.

COMPOSITION RAPPORTÉE A 1 LITRE.

	A l'arrivée dans l'établissem.	Après l'épuration.	Après avoir pétrifié.
Acide carbonique.	2ᵍ850	1ᵍ950	1ᵍ365
— sulfurique.	0.035	0.037	0.037
— silicique	0.100	0.100	0.080
— phosphorique. . . .	traces.	traces.	»
— arsénique.	indices.	»	»
Chlore	0.696	0.701	0.708
Potasse.	0.046	0.048	0.052
Soude	1.263	2.272	1.290
Lithine.	0.005	0.005	0.005
Chaux	0.401	0.342	0.156
Magnésie	0.205	0.186	0.155
Strontiane.	0.002	0.002	0.002
Protoxyde de fer	0.022	0.005	traces.
Matières organiques. . . .	traces.	traces.	traces.
Poids des combinaisons anhydres, les carbonates étant à l'état de carbonates neutres.	3.682	3.525	3.035
Acide carbonique libre. .	0ᵍ727	traces.	»
Bicarbonate de soude . . .	1.770	1ᵍ780	1ᵍ805
— potasse . .	0.098	0.102	0.110
— chaux. . .	1.031	0.879	0.401
— magnésie .	0.656	0.595	0.496
— fer.	0.048	0.011	traces.
Sulfate de soude.	0.058	0.062	0.062
— de strontiane. . .	0.004	0.004	0.004
Phosphate de soude. . . .	traces.	traces.	»
Chlorure de sodium. . . .	1.127	1.135	1.147
— lithium. . . .	0.014	0.014	0.014
Arséniate de soude. . . .	indices.	»	»
Silice.	0.100	0.100	0.080
Matières organiques. . . .	traces.	traces.	traces.
Total, non compris l'acide carbonique libre. . . .	4.906	4.682	4.119
Total, y compris l'acide carbonique libre.	5.633	4.682	4.119

La comparaison de ces chiffres montre ce que l'eau a perdu dans le travail de la pétrification ; nous aurons l'occasion d'y revenir, mais il est à propos de décrire ici, au moins sommairement, cette branche d'industrie déjà ancienne à Clermont-Ferrand et qui y a pris une certaine importance, grâce aux efforts persévérants de la famille Clémentel.

On sait que les carbonates terreux, notamment le carbonate de chaux, sont insolubles dans l'eau, mais qu'ils s'y dissolvent à la faveur de l'acide carbonique, et c'est ainsi que les eaux minérales contiennent en dissolution, en proportions souvent notables, des carbonates de chaux, de magnésie, de protoxyde de fer. Lorsque l'eau est exposée ou agitée à l'air, le gaz acide carbonique se dégage, tandis que les éléments de l'air, l'oxygène et l'azote, s'y dissolvent ; il en résulte, d'une part, que le sel calcaire ayant perdu son dissolvant, se précipite et, de l'autre, que le sel ferreux se décompose en s'oxydant et dépose de la rouille ou sesquioxyde de fer hydraté. Les stalactites, les stalagmites, les travertins sont formés dans des conditions analogues, et il s'agissait d'appliquer ce phénomène naturel à l'obtention des dépôts cohérents sur des objets soumis à l'action de l'eau minérale.

On a essayé depuis longtemps. Toutefois, Jean Banc, qui signale en 1605 la « vertu petrefiante » des sources minérales d'Auvergne et notamment de « Sainct-Alire » ne parle pas des incrustations. Soixante ans plus tard, Fléchier semble assister aux premières tentatives lorsqu'il écrit au sujet des sources de Saint-Alyre : « Nous entrâmes ensuite dans le cloître et dans un petit jardin, où l'on nous fit voir des grottes, des voûtes de rocher, des cabinets et cent autres choses que fait en ce lieu une fontaine admirable qui change

9

tout ce qu'elle arrose en pierre. Elle a fait, en coulant, un pont d'eau d'une grandeur fort considérable qu'elle augmente tous les jours ; on dirait que cette petite source coule par-dessus pour y travailler et qu'elle promet de le rendre encore plus grand si on ne la détourne. Les feuilles et les bâtons qui tombent par hasard, *ou qu'on jette exprès dans cette eau,* durcissent insensiblement et se couvrent d'une écorce assez forte, qui se forme d'un limon subtil qu'elle entraîne et qui ne paraît point dans son cours, qui s'épaissit pourtant sur les matières solides (1). »

En 1734, Chomel parle de branches d'arbres, de plantes, de fruits et autres corps qui se rencontrent dans le lit de la fontaine Saint-Alyre et qui « s'en retirent après quelque » temps comme petrifiez. » Il ajoute : « J'en ai envoyé à feu » M. Tournefort des grappes de raisins, des tiges de bouillon » blanc et d'autres plantes pétrifiées ; mais en les examinant » avec attention on reconnaît que ce sont des *incrustations* » plus solides que celles des souterrains (2). »

D'après Legrand-d'Aussy, en 1788, les habitants de Clermont placent sous le jet de la fontaine Saint-Alyre de petits objets qui se recouvrent d'une couche pierreuse. Le jardinier de l'Abbaye fait un petit commerce d'animaux et de végétaux pétrifiés (3).

Un peu plus tard, on fait parcourir à l'eau minérale un trajet plus ou moins long, de manière à lui permettre de

---

(1) Fléchier. *Mémoires sur les Grands-Jours d'Auvergne.* Edition de Gonod. Clermont-Ferrand, 1844, p. 185.

(2) Chomel. *Traité des Eaux minérales,* etc., p. 342. Clermont-F^d, 1734.

(3) Legrand-d'Aussy. *Voyage dans la ci-devant Haute et Basse-Auvergne.* — An III.

déposer d'abord l'oxyde de fer et pour obtenir ensuite des incrustations plus blanches.

Voici d'ailleurs comment on procède actuellement, et ce que nous allons dire de la source Saint-Pierre exploitée par M. Clémentel aîné, nous pourrions le répéter à propos des sources voisines de Saint-Alyre, de celles de Gimeaux et de celles de Saint-Nectaire, où la même industrie est pratiquée.

L'eau minérale est d'abord dirigée dans des canaux remplis de copeaux de bois ; elle passe ensuite sur des fragments anguleux de cailloux et elle éprouve dans ce parcours une *épuration* qui la débarrasse de la plus grande partie de son fer, et d'une certaine quantité de carbonates terreux. Le trajet qu'on lui fait subir varie de longueur avec l'abondance de la source et la vitesse de l'eau ; ainsi, à la source de Saint-Pierre, les canaux, disposés dans le bâtiment lui-même, ont une longueur totale de 30 mètres ; à l'établissement du Pont naturel de Saint-Alyre, ils atteignent 70 mètres ; à Gimeaux, ils ont une longueur de plus de 200 mètres, tandis qu'à Saint-Nectaire, où les sources sont moins abondantes, l'eau ne parcourt souvent que quelques mètres dans des rigoles en bois.

Au sortir des épurateurs, l'eau incrustante arrive dans un bâtiment spécial, au sommet d'un escalier en bois, sur les degrés duquel elle tombe en couche mince et en formant de petites cascades. C'est alors qu'elle produit les incrustations : des moules, des objets de nature et de formes très-diverses sont placés sous les cascades et se recouvrent de calcaire. Lorsqu'on a ainsi exposé un panier de fruits, un nid d'oiseau, une corbeille de fleurs ou un petit animal, on obtient au bout de huit ou dix jours l'objet recouvert d'une couche pierreuse présentant à la surface des cristaux brillants. A-t-on, au contraire, soumis à l'action de l'eau des moules en soufre ou en gutta-percha, on en séparera au bout d'un ou plusieurs mois, des médaillons, des camées, des bas-reliefs, etc., du plus bel effet.

Les incrustations obtenues en haut de l'escalier ont une couleur jaune plus ou moins foncée due à une petite quantité d'oxyde de fer que contenait encore l'eau ; celles que l'on prépare sur les degrés inférieurs sont au contraire d'un blanc d'albâtre pur, parce qu'elles sont formées par le carbonate de chaux seul ; enfin, dans certaines positions intermédiaires, les produits ont une teinte d'ivoire qui convient pour certains sujets.

Lorsqu'on veut préparer un médaillon ou un bas-relief de grandes dimensions, on obtient beaucoup de finesse et de dureté en exposant d'abord le moule à l'action d'une pluie fine d'eau minérale qui rejaillit en tous sens, après être tombée en filet sur une grosse pierre.

Si l'on consulte les analyses que nous avons données précédemment de l'eau de la source Saint-Pierre, on verra d'abord qu'elle s'enrichit un peu sous le rapport de certains sels dans son passage à travers l'établissement ; ces sels sont les bicarbonates de soude et de potasse, le sulfate de soude et le chlorure de sodium ; mais l'accroissement n'est que de quelques milligrammes par litre ; il résulte de ce que l'eau s'évapore en petite quantité.

Le fer, par contre, se dépose en grande partie dans les canaux épurateurs. L'eau qui contient au début 48 milligrammes de bicarbonate ferreux par litre, n'en renferme plus que 11 milligrammes au sommet de l'escalier et en est presque complètement privée à la partie inférieure.

Le carbonate de chaux se dépose aussi en forte proportion. Un litre d'eau qui contient 1^g031 de bicarbonate, en perd 0^g152 pendant l'épuration et 0^g478 pour l'incrustation ; c'est en tout plus de la moitié du sel que contenait l'eau ; mais il résulte de ces données de l'analyse, qu'elle abandonnerait encore une grande quantité de calcaire si elle pouvait tomber d'une hauteur plus grande. La hauteur totale de l'escalier, pour la source Saint-Pierre, est de 9 mètres.

Le carbonate de magnésie se sépare en moindre quantité et dans les premiers moments seulement, car les incrustations blanches n'en renferment que des traces.

Quant à l'acide carbonique libre, on conçoit que l'eau l'ait abandonné à peu près complètement à la suite de son exposition à l'air. Elle s'est, au contraire, emparée d'une certaine quantité d'oxygène et d'azote, comme on pouvait le supposer à priori et comme le montrent les dosages d'oxygène opérés en août 1876 par M. Gérardin. Ce savant a obtenu les résultats suivants en faisant usage du procédé à l'hydrosulfite de soude, imaginé par M. Schutzemberger et modifié par lui-même :

A la sortie de terre, avant tout contact avec l'air extérieur, l'eau ne renferme pas d'oxygène dissous.

A la sortie du tuyau d'ascension, elle en contient $3^{cc}6$ par litre.

Après un parcours de 30 mètres dans les canaux épurateurs, $4^{cc}2$

Après une descente de 6 mètres sur les étagères, alors qu'elle donne un dépôt gris, $5^{cc}6$.

Après le parcours total, quand elle donne un dépôt tout-à-fait blanc, $6^{cc}8$.

Telles sont les propriétés de cette curieuse fontaine et de

toutes celles qui incrustent de la même façon ; tels sont les procédés employés pour obtenir ces objets si variés qu'une industrie toute spéciale offre aux étrangers comme souvenirs de leurs voyages en Auvergne. Il ne s'agit pas, par conséquent, d'une eau qui posséderait, comme on l'a dit souvent, comme on l'a écrit quelquefois, la mystérieuse propriété de *changer* en pierre les corps qu'on y plonge, mais bien de les *recouvrir* d'une couche de calcaire. Ce sont des eaux *incrustantes* et non des eaux *pétrifiantes*.

10° Source Blaise Pascal.

En 1865, M. Clémentel aîné fit des recherches dans un jardin, entre la rue des Chats et la rue Saint-Arthème, et réussit à faire jaillir une source minérale donnant environ 50 litres par minute. Il la conduisit à son établissement des grottes du Pérou, à Saint-Alyre, où il la fait servir aux incrustations concurremment avec la source Saint-Pierre et sous le nom de source Blaise Pascal.

Plusieurs fontaines, voisines de la rue Saint-Arthème, ayant disparu depuis, on peut conclure que ce sont leurs eaux qui ont été réunies et qui alimentent actuellement la source Blaise Pascal.

Cette eau est limpide, gazeuse, et lorsqu'elle est mise en bouteilles avec soin, elle se conserve sans se troubler sensiblement.

Sa température est d'environ 18°.

L'analyse que nous en avons faite nous a donné les résultats suivants :

COMPOSITION RAPPORTÉE A 1 LITRE.

Acide carbonique.	2ᵍ570	Acide carbonique libre. . .	0ᵍ750
— sulfurique.	0.032	Bicarbonate de soude. . .	1.343
— silicique.	0.102	— potasse. .	0.145
— phosphorique . . .	traces.	— chaux. . .	1.393
— arsénique.	traces.	— magnésie.	0.249
Chlore.	0.604	— fer	0.057
Potasse	0.068	Sulfate de soude.	0.053
Soude	1.031	— strontiane . . .	0.004
Lithine.	0.005	Phosphate de soude. . . .	traces.
Chaux	0.542	Chlorure de sodium. . . .	0.985
Magnésie. . . :	0.078	— lithium. . . .	0.014
Strontiane	0.002	Arséniate de soude.	traces.
Protoxyde de fer. . . .	0.026	Silice	0.102
Matières organiques. . . .	traces.	Matières organiques. . . .	traces.

Poids des combinaisons anhydres, les carbonates étant à l'état de carbonates neutres.	3.279	Total, non compris l'acide carbonique libre	4.345
		Total, y compris l'acide carbonique libre.	5.095

La source Blaise Pascal est surtout utilisée pour la préparation des incrustations ferrugineuses ; elle est cependant employée aussi en boisson, comme quelques-unes des suivantes du quartier Saint-Alyre, dont elle ne diffère pas notablement.

11° Source Saint-Alyre.

12° Source des Bains Saint-Alyre.

13° Source de l'Enclos Sainte-Claire.

14° Source Saint-Arthème.

Ces quatre sources minérales ont été amenées de divers points dans l'établissement de pétrification dit du *Pont naturel de Saint-Alyre*, et l'une d'elles, la source des Bains, s'y bifurque pour alimenter un établissement thermal qui est voisin.

Cet établissement de pétrification, le plus ancien de Clermont-Ferrand, a été aménagé par M. Clémentel, aïeul du propriétaire actuel des grottes du Pérou, et il est aujourd'hui exploité par M. Montel-Clémentel.

Les sources qui existaient autrefois dans le quartier et qui actuellement se résument dans les quatre dont nous venons de donner les noms, ont formé de puissantes couches de travertins et en particulier, sur trois points du ruisseau de Tiretaine, des ponts que tous les touristes connaissent. Nous les décrirons sommairement en renvoyant le lecteur à l'ouvrage de M. Nivet (1) pour de plus amples renseignements.

Le pont supérieur est en face de l'établissement de bains. Il a pris naissance à l'époque où les Bénédictins dirigèrent les eaux de l'établissement thermal dans le ruisseau; une arche, déjà formée en partie, s'était brisée avant 1788 (Legrand-d'Aussy) et jusqu'en 1818 l'eau avait cessé de l'accroître; mais, à partir de cette époque, M. Clémentel voulant montrer aux étrangers le procédé à l'aide duquel la nature produit les travertins, fit arriver de nouveau l'eau minérale sur le point culminant de l'arcade (Nivet). En 1846, ce pont n'était pas terminé; il l'est aujourd'hui.

Le pont du milieu, à 45 ou 46 mètres au-dessous du précédent, est large de 8 mètres; il a été produit par une grande source incrustante qui n'existe plus, et comme il est de niveau avec le sol, il est rarement distingué des visiteurs qui se dirigent surtout vers le suivant.

Le pont inférieur, nommé aussi *Pont naturel, Pont du Diable, grand Pont de Pierre*, est le plus considérable. Il

(1) Nivet. *Dictionnaire*, etc., p. 92 et suiv. 1846.

forme la limite orientale de la propriété de l'établissement, car le pont proprement dit se continue par un aqueduc de travertin qui va jusqu'à la rue des Chats, sur une longueur de 85 mètres.

On a attribué sa formation à la grande source incrustante qui a déposé le pont du milieu ; mais M. Nivet a démontré qu'il n'en est pas ainsi et que ce pont, postérieur à la création de l'abbaye de Saint-Alyre, a été formé par les eaux de la fontaine Saint-Arthème qui alimentaient la gargouille de la rue des Chats.

M. Girardin (1) a déterminé la composition des travertins formant les ponts supérieur et inférieur ; il a obtenu les résultats suivants :

	Pont supérieur.	Pont inférieur.
Carbonate de chaux.	40.224	24.400
Sulfate de chaux.	5.382	8.200
Carbonate de magnésie . . .	26.860	28.800
Peroxyde de fer.	6.200	18.400
Sousphosphate d'alumine . .	4.096	6.120
Carbonate de strontiane. . .	0.043	0.200
Phosphate de manganèse . .	0.400	0.800
Silice.	9.780	5.200
Crénate et apocrénate de fer.	5.000	5.000
Matière organique.	1.200	0.400
Perte.	0.015	1.080
Eau.	0.800	1.400
Totaux.	100.000	100.000

Si nous comparons ces chiffres à ceux que donnent l'analyse des incrustations blanches, obtenues comme nous l'avons dit, nous trouverons des différences considérables, comme le montrent les dosages suivants dus à M. Lefort (2) :

(1) *Annales d'Auvergne.* 1837.
(2) J. Lefort. *Annales de la Société d'hydrologie médicale de Paris,* t. IX, p. 292.

	Incrustation de St-Alyre.	Incrustation de St-Nectaire.	Incrustation de Gimeaux.
Carbonate de chaux.	88.76	87.54	89.93
— de magnésie. . .	0.17	0.42	0.16
— de strontiane . .	0.08	0.01	0.03
Sulfate de chaux	0.10	0.13	0.08
Oxyde de fer	0.09	0.06	0.02
Silice, alumine	traces.	traces.	traces.
Chlorure de magnésium. . .	traces.	traces.	traces.
Eau et matière organique. .	10.80	11.84	9.78
Totaux.	100.00	100.00	100.00

On voit que les incrustations sont formées à peu près uniquement de carbonate de chaux, tandis que les travertins contiennent de plus du carbonate de magnésie, de l'oxyde de fer, etc. On trouvera l'explication de ces différences dans les analyses que nous avons faites de l'eau de la source Saint-Pierre (1), à différents endroits de son trajet dans l'établissement : elle a en effet perdu, outre le carbonate de chaux en notable quantité, du carbonate de magnésie et de l'oxyde de fer, mais elle a surtout abandonné ces derniers dans le travail préliminaire de l'épuration.

Ceci posé, nous décrirons successivement les sources actuelles de Saint-Alyre.

A l'entrée de la cour de l'établissement Montel et à gauche contre l'angle sud-ouest de la maison, on rencontre d'abord une petite source appelée depuis peu *source Saint-Alyre.* Il ne s'agit point de la grande source incrustante qui sourdait à cet endroit, qui a formé le pont du milieu et qui a disparu ; mais bien d'une source nouvelle amenée il y a environ dix ans de la rue des Chats, en face de la cour.

Cette nouvelle source Saint-Alyre alimente une buvette à l'endroit que nous venons d'indiquer et le trop-plein est conduit dans le jardin pour y être utilisé aux pétrifications.

_____

(1) Voir ci-dessus, p. 128.

Sa température est de 17°9 ; elle varie un peu à la buvette.

Le tableau suivant contient l'analyse que nous en avons faite avant et après les incrustations :

COMPOSITION RAPPORTÉE A 1 LITRE.

	Avant les incrustations.	Après les incrustations.
Acide carbonique	2ᵍ720	1ᵍ481
— sulfurique	0.102	0.103
— silicique	0.120	0.118
— phosphorique	traces.	traces.
— arsénique	traces.	traces.
Chlore	0.640	0.645
Potasse	0.070	0.070
Soude	0.976	1.000
Lithine	0.011	0.011
Chaux	0.661	0.287
Magnésie	0.225	0.217
Protoxyde de fer	0.008	0.002
Matières organiques	traces.	traces.
Poids des combinaisons anhydres, les carbonates étant à l'état de carbonates neutrˢ.	3.746	3.081

	Avant les incrustations.	Après les incrustations.
Acide carbonique libre	0ᵍ586	»
Bicarbonate de soude	1.005	1ᵍ054
— potasse	0.149	0.149
— chaux	1.699	0.738
— magnésie	0.720	0.694
— fer	0.017	0.004
Sulfate de soude	0.181	0.183
Phosphate de soude	traces.	traces.
Chlorure de sodium	1.012	1.020
— lithium	0.031	0.031
Arséniate de soude	traces.	traces.
Silice	0.120	0.118
Matières organiques	traces.	traces.
Total, non compris l'acide carbonique libre	4.934	3.994
Total, y compris l'acide carbonique libre	5.520	»

La *source des Bains* jaillit à quelque distance de la précédente et, comme nous l'avons dit, se bifurque pour se rendre, d'une part à l'établissement thermal, et de l'autre dans un bac carré en pierre de Volvic, au-dessous de la buvette Saint-Alyre, d'où elle se dirige aux pétrifications du pont naturel.

Sa température est de 22°; mais, arrivée à l'établissement de bains, elle ne dépasse pas 20°.

L'analyse que nous en avons faite, en 1878, nous a donné les résultats suivants :

COMPOSITION RAPPORTÉE A 1 LITRE.

Acide carbonique	3ᵍ300	Acide carbonique libre. .	1ᵍ286
— sulfurique	0.081	Bicarbonate de soude. . . .	1.515
— silicique	0.100	— potasse. . .	0.153
— phosphorique	traces.	— chaux . . .	1.383
— arsénique	traces.	— magnésie .	0.422
Chlore	0.643	— fer.	0.034
Potasse	0.072	Sulfate de soude.	0.140
Soude	0.150	— strontiane . .	0.004
Lithine	0.011	Phosphate de soude. . . .	traces.
Chaux	0.538	Chlorure de sodium. . . .	1.017
Magnésie	0.132	— lithium. . .	0.031
Strontiane	0.002	Arséniate de soude	traces.
Protoxyde de fer	0.015	Silice.	0.100
Matières organiques	traces.	Matières organiques. . . .	traces.
Poids des combinaisons anhydres, les carbonates étant à l'état de carbonates neutres.	3.616	Total, non compris l'acide carbonique libre	4.799
		Total, y compris l'acide carbonique libre	6.085

L'établissement de bains, alimenté par cette même source, a été créé en 1826. Il comprend 25 cabinets dont 5 à deux baignoires et 2 qui sont pourvus d'accessoires, pour les douches.

Ces bains sont surtout fréquentés par les habitants de Clermont.

M. le docteur Nivet résume ainsi qu'il suit leur action thérapeutique : « Ils doivent être prescrits, lorsque leur température est de 36 à 38°, aux malades affectés de rhumatismes articulaires, musculaires et nerveux. A une température moins élevée, on les ordonne aux personnes lymphatiques, scrofuleuses, rachitiques ou atteintes de gastro-entéralgies chroniques, de leucorrhée, d'engorgement de la matrice. Les chlorotiques, les convalescents débilités par des affections chroniques simples de l'estomac et du tube digestif peuvent aussi les prendre avec succès (1). »

Au sortir de l'établissement, la source des Bains est dirigée dans la Tiretaine vers le pont supérieur.

La source de l'*Enclos Sainte-Claire* qui sourd dans la rue Sainte-Claire, en face de l'église Saint-Eutrope, est celle que M. Nivet signale (2) comme ayant été découverte en 1838 et achetée par M. Clémentel qui la conduisit à son établissement en 1845. Elle arrive actuellement à l'angle est de la propriété, à l'extrémité de l'aqueduc dont nous avons parlé. De là elle se rend aux pétrifications, en passant par des canaux en bois où elle dépose son fer.

Nous avons trouvé les résultats suivants, qui indiquent sa composition à l'arrivée et après qu'elle a incrusté :

(1) Nivet, *Dictionnaire,* etc., p. 90. 1846.
(2) Nivet. *Id.,* p. 80. 1846.

COMPOSITION RAPPORTÉE A 1 LITRE.

	Avant les incrustations.	Après les incrustations.
Acide carbonique	3ᵍ120	0ᵍ846
— sulfurique.	0.046	0.049
— silicique.	0.114	0.112
— phosphorique.	traces.	traces.
— arsénique	traces.	traces.
Chlore	0.678	0.685
Potasse.	0.048	0.052
Soude.	0.860	0.890
Lithine	0.011	0.011
Chaux	0.510	0.202
Magnésie.	0.200	0.155
Strontiane	0.002	0.002
Protoxyde de fer	0.020	0.004
Matières organiques	traces.	traces.
Poids des combinaisons anhydres, les carbonates étant à l'état de carbonates neutres.	3.180	2.430

	Avant les incrustations.	Après les incrustations.
Acide carbonique libre	1ᵍ471	»
Bicarbonate de soude. . . .	0.723	0ᵍ783
— potasse . . .	0.102	0.110
— chaux. . . .	1.311	0.519
— magnésie. .	0.640	0.441
— fer	0.044	0.009
Sulfate de soude	0.078	0.083
— strontiane	0.004	0.004
Phosphate de soude.	traces.	traces.
Chlorure de sodium.	1.074	1.086
— lithium.	0.031	0.031
Arséniate de soude.	traces.	traces.
Silice.	0.114	0.112
Matières organiques. . . .	traces.	traces.
Total, non compris l'acide carbonique libre.	4.121	3.168
Total, y compris l'acide carbonique libre	5.592	»

La source *Saint-Arthème* est anciennement connue.
Elle provient d'une maison de la rue de ce nom, à vingt

mètres de l'extrémité supérieure de l'aqueduc et fut achetée vers 1827 par M. Clémentel. Elle ne fut pas d'abord utilisée ; mais M. Bouillet ayant pensé qu'elle pouvait être incrustante, M. Clémentel fit des essais qui réussirent au delà de ses espérances. (Nivet.)

Aujourd'hui, elle est employée concurremment avec la précédente pour produire des incrustations.

M. Nivet l'a analysée en 1844 (1) et M. J. Lefort en 1862 (2). Nous avons de même déterminé sa composition en 1878, et voici les résultats obtenus qui concordent avec les précédents et qui montrent qu'elle n'a pas varié sensiblement.

Nous y avons joint l'analyse de l'eau après qu'elle a incrusté.

COMPOSITION RAPPORTÉE A 1 LITRE.

	Avant les incrustations.	Après les incrustations.
Acide carbonique	3^{g}350	1^{g}191
— sulfurique	0 074	0.075
— silicique	0.105	0.101
— phosphorique	traces.	traces.
— arsénique	traces.	traces.
Chlore	0.714	0.717
Potasse	0.072	0.072
Soude	0.890	0.900
Lithine	0.011	0.011
Chaux	0.534	0.212
Magnésie	0.253	0.198
Protoxyde de fer	0.012	0.002
Matières organiques	traces.	traces.
Poids des combinaisons anhydres, les carbonates étant à l'état de carbonates neutr^s.	3.422	2.867

(1) Nivet. *Dictionnaire*, etc., p. 86.

(2) J. Lefort. *Annales de la Société d'hydrologie médicale de Paris*, t. IX, p. 285.

	Avant les incrustations.	Après les incrustations.
Acide carbonique libre...	1ᵍ530	»
Bicarbonate de soude.....	0.656	0ᵍ675
— potasse. ...	0.153	0.153
— chaux	1.373	0.545
— magnésie. ..	0.809	0.793
— fer	0.026	0.004
Sulfate de soude.......	0.131	0.133
Phosphate de soude.....	traces.	traces.
Chlorure de sodium.....	1.134	1.139
— lithium.....	0.031	0.031
Arséniate de soude......	traces.	traces.
Silice................	0.105	0.101
Matières organiques.....	traces.	traces.
Total, non compris l'acide carbonique libre......	4.418	3.578
Total, y compris l'acide carbonique libre........	5.948	»

On voit que les dépôts formés par les eaux de Saint-Alyre pendant les incrustations se sont produits dans des conditions analogues.

15° Source de la rue Sainte-Claire.

En face et un peu au-dessous de l'église Saint-Eutrope, dans la rue Sainte-Claire, se trouve une petite fontaine minérale très-estimée dans le quartier. Elle a été trouvée, il y a environ 25 ans, à la suite de travaux entrepris au sujet de la grande source de l'*Enclos Sainte-Claire,* et elle a été amenée dans un regard ou borne-fontaine, d'où elle s'écoule dans la rigole. De temps en temps, le canal qui l'amène s'obstrue par les dépôts ocreux qu'elle produit et son débit diminue jusqu'à ce qu'un curage lui rende la voie libre.

Elle produit environ 5 litres par minute et sa température est de 18°.

L'analyse nous a donné les résultats suivants :

COMPOSITION RAPPORTÉE A 1 LITRE.

Acide carbonique.	2ᵍ354	Acide carbonique libre. .	0ᵍ660
— sulfurique.	0.048	Bicarbonate de soude . . .	0.637
— silicique	0.092	— potasse . .	0.153
— phosphorique . . . traces.		— chaux. . .	1.388
— arsénique . . . . . traces.		— magnésie .	0.633
Chlore.	0.730	— fer.	0.018
Potasse	0.072	Sulfate de soude.	0.085
Soude.	0.880	Phosphate de soude. . . . traces.	
Lithine.	0.010	Chlorure de sodium. . . .	1.165
Chaux.	0.540	— lithium	0.028
Magnésie.	0.198	Arséniate de soude. . . . . traces.	
Protoxyde de fer. . . .	0.008	Silice	0.092
Matières organiques. . . . traces.		Matières organiques. . . . traces.	

Poids des combinaisons anhydres, les carbonates étant à l'état de carbonates neutres	3.260	Total, non compris l'acide carbonique libre	4 199
		Total, y compris l'acide carbonique libre	4.959

16° Source Saint-Joseph.

L'Enclos de la Garde, qui longe la rue Sainte-Claire et qui est actuellement occupé par l'établissement des Religieuses du Refuge, a été signalé comme renfermant des eaux minérales. Voici ce qu'en dit M. Nivet en 1846 : « L'Enclos de la Garde renferme deux sources ; la première est à gauche en entrant, son trop-plein se rend à la rue Sainte-Claire ; elle est très-peu abondante. La seconde est au fond du jardin. Depuis quelques années on l'a recouverte et un canal l'amène jusqu'à la rue de la *Font-Saulse,* probablement la rue des eaux de Legrand-d'Aussy.

» A l'endroit où elle franchit le mur d'enceinte, il existe des mamelons volumineux de travertins qui sont en partie cachés par les pierres de la muraille. Ils ont été signalés par les auteurs anciens (1). »

La première source signalée par M. Nivet n'existe plus qu'à l'état de suintements ferrugineux ; quant à la seconde, les Religieuses du Refuge viennent de découvrir le canal qui l'éloignait de leur propriété et elles l'établissent de nouveau au milieu du jardin sous le nom de source Saint-Joseph. L'eau minérale est limpide, gazeuse ; elle ne diffère point des sources voisines par ses propriétés physiques et sa composition l'en rapproche également comme le montre l'analyse suivante que nous en avons faite.

Sa température est de 18°4 et son débit de 5 à 6 litres par minute.

COMPOSITION RAPPORTÉE A 1 LITRE.

Acide carbonique.	2g110	Acide carbonique libre . .	0g692
— sulfurique	0.050	Bicarbonate de soude . . .	0.515
— silicique	0.095	— potasse . .	0.117
— phosphorique . . . traces.		— chaux. . .	1.285
— arsénique. . . . . . traces.		— magnésie .	0.454
Chlore.	0.670	— fer.	0.040
Potasse.	0.055	Sulfate de soude.	0.089
Soude	0.787	Phosphate de soude . . . traces.	
Lithine.	0.010	Chlorure de sodium. . . .	1.065
Chaux	0.500	— lithium. . . .	0.028
Magnésie	0.142	Arséniate de soude . . . . traces.	
Prótoxyde de fer.	0.018	Silice.	0.095
Matières organiques . . . traces.		Matières organiques. . . . traces.	
Poids des combinaisons anhydres, les carbonates étant à l'état de carbonates neutres.	2.914	Total, non compris l'acide carbonique libre.	3.688
		Total, y compris l'acide carbonique libre.	4.980

(1) Nivet, *Dictionnaire*, p. 77, 1846.

L'eau de la source Saint-Joseph, chloro-bicarbonatée et en même temps ferrugineuse, sera évidemment d'une grande utilité pour le personnel du Refuge.

17° Source Alligier.

Le propriétaire d'une maison située rue Fongiève, vis-à-vis la rue des Hospices, fit jaillir une source minérale en creusant sa cave et il ne put s'en débarrasser qu'en la conduisant à une centaine de mètres au moyen d'un canal qui longe la rue des Hospices. On la désigne sous le nom de source Alligier, et les habitants du faubourg l'emploient comme eau de table et comme remède dans les cas de chlorose et de scrofules.

Sa température, à l'endroit où elle sort dans la rue, est de 13°9. L'analyse nous a donné les résultats suivants :

COMPOSITION RAPPORTÉE A 1 LITRE.

Acide carbonique.	1^{g}900	Acide carbonique libre. .	0^{g}403
— sulfurique	0.050	Bicarbonate de soude . . .	0.488
— silicique.	0.100	— potasse. . .	0.106
— phosphorique. . . .	traces.	— chaux . . .	1.273
— arsénique.	traces.	— magnésie .	0.608
Chlore.	0.420	— fer.	0.022
Potasse	0.050	Sulfate de soude.	0.089
Soude	0.564	Phosphate de soude. . . .	traces.
Lithine.	0.008	Chlorure de sodium. . . .	0.622
Chaux	0.495	— lithium. . . .	0.022
Magnésie.	0.190	Arséniate de soude	traces.
Protoxyde de fer.	0.010	Silice.	0.100
Matières organiques. . . .	traces.	Matières organiques. . . .	traces.

Poids des combinaisons anhydres, les carbonates étant à l'état de carbonates neutres.	2.550	Total, non compris l'acide carbonique libre	3.370
		Total, y compris l'acide carbonique libre	3.773

18° Source de la rue des Chats.

Cette source, qui s'écoule d'une borne-fontaine en pierre dans la rigole de la rue des Chats, provient du sol d'une maison située au coin de la grande rue Saint-Arthème et de la rue des Chats. De 1793 à 1832, dit M. Nivet, elle a servi à préparer des incrustations, mais en 1845 elle coulait au milieu de la rue.

Sa température, qui est de 19° au griffon, est en général un peu moins élevée à la buvette de la rue.

Son analyse nous a donné les résultats suivants :

COMPOSITION RAPPORTÉE A 1 LITRE.

Acide carbonique.	1g999	Acide carbonique libre. .	0g520
— sulfurique.	0.048	Bicarbonate de soude. . .	0.496
— silicique.	0.100	— potasse . .	0.128
— phosphorique. . . .	traces.	— chaux. . .	1.311
— arsénique.	traces.	— magnésie .	0.512
Chlore.	0.710	— fer.	0.018
Potasse.	0.060	Sulfate de soude.	0.085
Soude.	0.810	Phosphate de soude. . . .	traces.
Lithine.	0.010	Chlorure de sodium. . . .	1.132
Chaux.	0.510	— lithium. . . .	0.028
Magnésie.	0.160	Arséniate de soude	traces.
Protoxyde de fer. . . .	0.008	Silice	0.100
Matières organiques. . .	traces.	Matières organiques. . . .	traces.
Poids des combinaisons anhydres, les carbonates étant à l'état de carbonates neutres.	3.005	Total, non compris l'acide carbonique libre	3.810
		Total, y compris l'acide carbonique libre	4.330

19° Source Sainte-Ursule.

Une source minérale, qui porte le nom de source Sainte-Ursule, se trouve dans une cour intérieure de l'établissement des religieuses Ursulines, à Saint-Alyre, et constitue une buvette à l'usage des jeunes personnes.

Ses propriétés physiques ne diffèrent pas de celles des eaux similaires du quartier Saint-Alyre ; c'est donc une eau limpide, gazeuse, d'une saveur acidule, un peu saline et ferrugineuse.

Sa température est de 15°2.

L'analyse que nous en avons faite a donné les dosages suivants :

COMPOSITION RAPPORTÉE A 1 LITRE.

Acide carbonique	2^{g}320	Acide carbonique libre		0^{g}551
— sulfurique	0.040	Bicarbonate de soude		1.533
— silicique	0.110	—	potasse	0.106
— phosphorique	traces.	—	chaux	0.977
— arsénique	traces.	—	magnésie	0.438
Chlore	0.685	—	fer	0.040
Potasse	0.050	Sulfate de soude		0.071
Soude	1.131	Phosphate de soude		traces.
Lithine	0.008	Chlorure de sodium		1.097
Chaux	0.380	—	lithium	0.022
Magnésie	0.137	Arséniate de soude		traces.
Protoxyde de fer	0.018	Silice		0.110
Matières organiques	traces.	Matières organiques		traces.
Poids des combinaisons anhydres, les carbonates étant à l'état de carbonates neutres	3.293	Total, non compris l'acide carbonique libre		4.394
		Total, y compris l'acide carbonique libre		4.945

Telles sont les principales eaux minérales que l'on rencontre dans la ville de Clermont-Ferrand.

Quelque fastidieux que soit le travail analytique qui a pour objet des sources si nombreuses et qui ont tant d'analogie, nous avons pensé qu'il était intéressant de faire connaître leur composition, afin de montrer jusqu'à quel point elles se ressemblent et comment aussi elles diffèrent. Nous n'avons point recherché dans toutes ces eaux l'iode, le brome, la strontiane, substances qui ont été signalées dans quelques-unes par MM. Gonod et J. Lefort; mais nous avons constaté de nouveau leur présence dans quelques sources et il faut admettre qu'elles existent dans toutes à l'état de traces sensibles aux réactifs.

20° Source du Puy de la Poix.

Le Puy de la Poix est un petit monticule qui ne s'élève que d'une dizaine de mètres au-dessus de la plaine et qui est situé dans un communal appartenant à la ville de Clermont, à 5 kilomètres de cette ville et à 200 mètres de la route de Pont-du-Château.

Il est formé par une roche grise de wakite, dont les fentes contiennent du bitume et par endroits du soufre à l'état de liberté.

Sur le revers septentrional de ce puy se trouvent deux sources :

La première, plus élevée, prend naissance dans un bassin ou canal rectangulaire couvert de dalles. Elle est toujours mélangée d'une quantité, souvent considérable, d'eau pluviale et n'offre pas d'importance.

La seconde, dont nous nous occuperons seulement, sourd à 10 mètres en aval, dans une rigole qui conduit l'eau à 40 ou 50 mètres dans un puits perdu. Elle est peu abondante, car elle ne donne guère que 30 ou 35 litres à l'heure et elle dégage, avec des gaz fétides, du bitume dont la quantité varie de 500 à 700 grammes par jour.

On conçoit qu'une telle source ait excité de tout temps la curiosité. Jean Banc la signale en ces termes : « Suyvons » cette Limaigne et allons trouver la fontaine qui fait la » poix au voysinage d'vn demy-quart de lieue de Mont- » Ferrand, presque sur le chemin de Pont-du-Château; il y » en a deux sources, l'vne plus grande que l'autre..... » Au-dessus de la plus grande nage ce bitume et poix noi- » rastre extrêmement puante, qui se descharge peu à peu » au dehors de ladite fontaine, si adhérent et gluant qu'il » est fort difficile de le faire jamais du tout démordre du » lieu où il a esté appliqué ; voyre les oyseaux en hyver le » plus glacé, qui viennent boire en ce lieu incapable de » gelée, s'y prennent comme à des gluaux..... Ce bitume » expire une si horrible puanteur que merueilles (1). »

L'eau du Puy de la Poix n'est jamais limpide, elle a un aspect louche, une teinte plombée due surtout à un précipité de soufre qui s'accentue par l'exposition à l'air. Elle répand une forte odeur d'hydrogène sulfuré, mélangée à celle du bitume qui la rend plus désagréable encore; sa saveur est bitumeuse et salée. Sa température varie entre 12 et 15°.

La quantité de sels que renferme cette eau est très-varia-ble, suivant les saisons.

Vers 1800, Delarbre retire d'un litre, 100 grammes.

(1) Jean Banc, p. 14, 1605.

M. Nivet, de son côté, a obtenu :

En septembre 1831. . . .   90ᵍ07
En septembre 1844. . . .   70.60
En août 1844. . . . . . .   82.67

M. Mure a trouvé, en 1876 :

Le 1ᵉʳ juin. 76ᵍ00
Le 8, après une pluie. . .   57.00
Le 15. . . . .   71.50

L'analyse a été faite par M. Nivet sur l'eau contenant 82ᵍ67 de sels par litre, et par M. Mure sur celle qui donnait, le 15 juin 1876, 71ᵍ50.

Voici les résultats obtenus par ce dernier :

Acide carbonique combiné. . .   1ᵍ346
— sulfurique 3.421
— silicique. 0.105
— borique . . . .   indices.
— phosphorique . . . . . .   sensible.
— sulfhydrique. 0.443
Chlore. 37.000
Brome. . . . .   sensible.
Iode. . . . .   indices.
Chaux 1.184
Magnésie. 1.510
Soude 40.050
Potasse. . . . .   indices.
Lithine. 0.142
Fer . . . .   indices.
Manganèse. . . . .   indices.
Arsenic . . . .   indices.
Matières organiques. 0.120
Résidu sec. 71.500

Les gaz que la source dégage ont été aussi analysés par M. Mure, qui a trouvé :

Acide carbonique. . . . . .   66 p. O/O.
Hydrogène sulfuré . . . . .   28 —
Azote. . . . .   6 —

L'eau du Puy de la Poix est en quelque sorte une eau mère. Elle serait trop active, administrée à l'intérieur ; mais, d'après M. Nivet, elle pourrait être utilisée après filtration pour préparer des bains médicinaux, et la présence du bitume la rendrait sans doute efficace dans certaines affections de la peau.

CHASTREIX

Source de Font-Sala.

Une petite source minérale, connue sous le nom de Font-Sala, existe sur le territoire de la commune de Chastreix, dans un ravin situé au sud du Pic de Sancy, entre le puy Gros et le puy de Montredon.

Elle se trouve sur le bord du ruisseau de Neufonds et il nous a été impossible de recueillir de l'eau pour en faire l'analyse.

COMPAINS

Deux sources minérales ont été signalées par M. Lecoq, dans sa carte géologique du Puy-de-Dôme, sur le territoire de Compains ; elles sourdent au nord du lac de Monteineyre, sur les deux rives du ruisseau de Gazelle.

Comme pour la précédente, nous n'avons pu nous en procurer des échantillons, mais il nous a été indiqué dans la même commune deux autres sources minérales que nous avons analysées.

1° Source de Chaumiane.

La première est située sur la montagne de M. Tartière-Falgoux, de Chaumiane, à l'ouest du village de Compains.

C'est une eau fort peu minéralisée et qui ne contient que des traces de fer, aussi elle aurait la composition de certaines eaux potables de bonne qualité si elle ne tenait en dissolution une proportion notable d'acide carbonique.

On pourrait, par conséquent, la ranger parmi les eaux *carboniques*. C'est une bonne eau de table.

Voici les résultats de son analyse :

COMPOSITION RAPPORTÉE A 1 LITRE.

Acide carbonique	0ᵍ575	Acide carbonique libre . .	0ᵍ427
— sulfurique	traces.	Bicarbonate de soude . . .	0.076
— silicique	0.070	— potasse . . traces.	
Chlore	0.003	— chaux . . .	0.123
Potasse	traces.	— magnésie .	0.048
Soude	0.031	— fer	traces.
Lithine	traces.	Sulfate de soude	traces.
Chaux	0.048	Chlorure de sodium	0.005
Magnésie	0.015	— lithium	traces.
Protoxyde de fer	traces.	Silice	0.070
Matières organiques . . .	traces.	Matières organiques	traces.
Poids des combinaisons anhydres, les carbonates étant à l'état de carbonates neutres	0.245	Total, non compris l'acide carbonique libre	0.322
		Total, y compris l'acide carbonique libre	0.749

2° Source de Moulinou.

La seconde source minérale, dite de Moulinou, se trouve tout près et à l'est du village de Compains. Elle est plus minéralisée que celle de Chaumiane, comme l'indique l'analyse suivante :

COMPOSITION RAPPORTÉE A 1 LITRE.

Acide carbonique	2ᵍ145	Acide carbonique libre . .	0ᵍ810
— sulfurique	traces.	Bicarbonate de soude . . .	1.206
— silicique	0.090	— potasse . .	0.064
Chlore	0.031	— chaux . . .	0.545
Potasse	0.030	— magnésie .	0.480
Soude	0.465	— fer	0.022
Lithine	0.004	Sulfate de soude	traces.
Chaux	0.212	Chlorure de sodium	0.036
Magnésie	0.150	— lithium	0.010
Protoxyde de fer	0.010	Silice	0.090
Matières organiques . . .	traces.	Matières organiques . . .	traces.
Poids des combinaisons anhydres, les carbonates étant à l'état de carbonates neutres	1.653	Total, non compris l'acide carbonique libre	2.453
		Total, y compris l'acide carbonique libre	3.260

Nous ferons remarquer l'absence presque complète de chlorure de sodium, et au contraire, avec une certaine proportion de bicarbonates terreux et de bicarbonate de fer, une plus grande quantité de bicarbonate de soude, circonstances qui en font une eau alcaline, possédant des propriétés précieuses que nous retrouverons plus accentuées dans les eaux de Courpière.

COUDES

Des sources minérales abondantes, calcaires et ferrugineuses, ont déposé autrefois sur les deux rives de la Couze des travertins d'une grande épaisseur. Actuellement, outre de petits suintements accompagnés de dégagement d'acide carbonique que l'on voit en divers endroits du lit de la rivière, on rencontre deux sources minérales intéressantes qui appartiennent à M. Cairon (Jules Noriac).

1° Source de la Saulcée.

La source de la Saulcée ou Saussaie est située entre l'Allier et l'embouchure de la Couze, sur le bord et à droite de la route de Coudes à Issoire.

Elle est enfermée dans une construction en maçonnerie et constitue une buvette assez fréquentée.

Sa température est de 13°3 et son débit d'environ 22 litres par minute.

L'eau est très-gazeuse, limpide, acidule et se trouble par l'exposition à l'air en donnant un dépôt ocreux.

Son analyse nous a donné les résultats suivants :

COMPOSITION RAPPORTÉE A 1 LITRE.

Acide carbonique	3ᵍ300	Acide carbonique libre	2ᵍ148
— sulfurique	0.050	Bicarbonate de soude	0.935
— silicique	0.075	— potasse	0.321
— phosphorique	traces.	— chaux	0.570
— arsénique	traces.	— magnésie	0.224
Chlore	0.504	— fer	0.035
Potasse	0.151	Sulfate de soude	0.088
Soude	0.808	Phosphate de soude	traces.
Lithine	0.004	Chlorure de sodium	0.816
Chaux	0.222	— lithium	0.011
Magnésie	0.070	Arséniate de soude	traces.
Protoxyde de fer	0.016	Silice	0.075
Matières organiques	traces.	Matières organiques	traces.
Poids des combinaisons anhydres, les carbonates étant à l'état de carbonates neutres	2.368	Total, non compris l'acide carbonique libre	3.075
		Total, y compris l'acide carbonique libre	5.223

Ces chiffres se rapprochent de ceux obténus il y a 17 ans par M. O. Henry (1) et montrent que l'eau n'a pas varié sensiblement depuis cette époque.

Par ses bicarbonates alcalins et terreux, son chlorure de sodium et son fer, l'eau de Coudes, qui contient de plus une forte proportion d'acide carbonique, se rapproche de plusieurs autres, très-bien minéralisées, telles que Royat, Châteauneuf, St-Maurice dont les propriétés thérapeutiques sont constatées depuis longtemps.

Le propriétaire a institué à la source de la Saulcée un gardien chargé de livrer gratuitement l'eau aux habitants de Coudes et ceux-ci en usent, soit comme eau de table, soit pour combattre la chlorose et l'anémie.

(1) O. Henry. *Bulletin de l'Académie de médecine,* t. XXIV, p. 861.

2° Fontaine jaillissante.

La seconde source, enfermée dans une construction semblable à la première, se trouve sur le bord de la Couze, à
cinquante mètres de son embouchure. Il y a seulement
quelques années, cette source appelée Fontaine jaillissante
était séparée de la Couze par une prairie de plus de trente
mètres de large ; mais la rivière a changé de lit et s'est
rapprochée de la construction de manière à en rendre
l'accès impossible ; il y a plus, les fondations commencent
à être emportées et l'eau douce a envahi la source. Nous
n'avons pu en puiser un échantillon pour l'analyse et nous
donnerons ci-après les dosages obtenus par M. Ô. Henry en
1859 qui montrent que la source jaillissante est moins
minéralisée que celle de la Saussaie :

Acide carbonique libre. . . .		1ᵍ620
Bicarbonate de soude		0.620
— potasse		0.260
— chaux		0.513
— magnésie . . .		0.190
Arséniate de soude.		indiqué.
Sulfate de soude.	⎫	
— chaux	⎬	0.100
Chlorure de sodium.		0.600
Silice et Silicates	⎫	
Alumine		
Phosphates terreux. . . .	⎬	0.080
Sesquioxyde de fer, peu . .		
Matière organique	⎭	

$$3.983$$

COURPIÈRE

Il existe sur le territoire de la ville de Courpière deux groupes d'eaux minérales, le Salé et Layat.

EAUX MINÉRALES DU SALÉ

Lorsqu'on quitte Courpière par la route d'Ambert, on aperçoit à gauche une vallée parcourue par un ruisseau nommé le Couzon et que longe un chemin. C'est à l'extrémité de cette vallée, à un kilomètre de la route et à deux kilomètres de Courpière, que se trouvent les sources du Salé.

Elles sont au nombre de quatre, dont trois sur la rive gauche du Couzon, sans compter un grand nombre de petites sources que l'on remarque le long du ruisseau ou même dans son lit et qui sont accompagnées d'un dégagement d'acide carbonique et d'un dépôt ferrugineux.

Un établissement, construit sur la rive droite du ruisseau par M. Ligne, comprend des cabinets de bains et de douches : l'installation laisse beaucoup à désirer et n'est nullement en rapport avec l'importance des eaux minérales.

Un hôtel peut recevoir les étrangers, mais beaucoup de baigneurs et de buveurs s'établissent à Courpière ou même dans les villages voisins.

1° Buvette Ligne.

La source qui se trouve vis-à-vis l'établissement porte le nom de Fontaine du Salé ou buvette Ligne ; elle jaillit d'une fissure dans le granite qui borde le ruisseau à gauche et elle s'écoule par un tuyau dans un réservoir en maçonnerie.

L'eau est limpide, gazeuse, d'une saveur d'abord acidule, puis ferrugineuse et alcaline. Sa température est de 13°8; son débit, de quelques litres seulement par minute.

Elle a été analysée en 1844 par M. Nivet (1) et en 1860 par M. O. Henry fils (2). Les résultats obtenus ne diffèrent pas sensiblement de ceux que nous a donnés une nouvelle analyse faite en 1877, si ce n'est en ce qui concerne le bicarbonate de soude. Tandis qu'un litre d'eau contenait en 1844, 2^{g}615 de ce sel, nous en avons trouvé 3^{g}295 en 1877 et cette augmentation se retrouve dans le résidu salin total, ce qui constitue une vérification : M. Nivet a pesé 3^{g}100, et nous, 3^{g}454, les carbonates étant à l'état de carbonates neutres. Ce fait d'une augmentation dans la richesse minérale d'une eau est assez remarquable. Voici cette nouvelle analyse:

COMPOSITION RAPPORTÉE A 1 LITRE.

Acide carbonique	3^{g}428	Acide carbonique libre	0^{g}616
— sulfurique	0.015	Bicarbonate de soude	3.295
— silicique	0.120	— potasse	0.064
— phosphorique	traces.	— chaux	0.953
— arsénique	traces.	— magnésie	0.652
Chlore	0.038	— fer	0.051
Brome	traces.	— manganèse	traces.
Iode	traces.	Sulfate de soude	0.027
Potasse	0.030	Phosphate de soude	traces.
Soude	1.246	Chlorure de sodium	0.036
Lithine	0.008	— lithium	0.022
Chaux	0.371	Bromure de sodium	traces.
Magnésie	0.204	Iodure de sodium	traces.
Protoxyde de fer	0.023	Arséniate de soude	traces.
— manganèse	traces.	Silice	0.120
Matières organiques	traces.	Matières organiques	traces.
Poids des combinaisons anhydres, les carbonates étant à l'état de carbonates neutres	3.456	Total, non compris l'acide carbonique libre	5.220
		Total, y compris l'acide carbonique libre	5.836

(1) Nivet, *Dictionnaire*, p. 110, 1846.

(2) Dr Planat. *Notice sur les Eaux minérales du Salet.* Clermont-F^d.

L'eau de la fontaine du Salé est spécialement employée en boisson.

2° Source du Puits.

A une cinquantaine de mètres en amont, et toujours sur la rive gauche du ruisseau, se trouve une source assez abondante désignée sous le nom de Source du Puits, parce qu'elle est captée dans un puits en maçonnerie qui s'élève à 2 mètres au-dessus du sol. Cette hauteur a été nécessaire pour que l'eau put être conduite dans l'établissement Ligne, où elle alimente les cabinets de bains.

Sa température est de 13°5 et sa composition donnée par l'analyse suivante que nous en avons faite, l'assimile complètement à la précédente. Toutefois, l'acide carbonique libre est en moindre quantité, ce qui provient sans doute de ce que l'eau sur laquelle a porté le dosage a été puisée à l'orifice d'écoulement du puits, alors qu'une portion du gaz s'était déjà dégagée.

Acide carbonique	3^{g}166	Acide carbonique libre	0^{g}394
— sulfurique	0.015	Bicarbonate de soude	3.075
— silicique	0.120	— potasse	0.064
— phosphorique	traces.	— chaux	0.902
— arsénique	traces.	— magnésie	0.812
Chlore	0.035	— fer	0.051
Brome	traces.	— mangan^{se}.	traces.
Iode	traces.	Sulfate de soude	0.027
Potasse	0.030	Phosphate de soude	traces.
Soude	1.163	Chlorure de sodium	0.031
Lithine	0.008	— lithium	0.022
Chaux	0.351	Bromure de sodium	traces.
Magnésie	0.254	Iodure de sodium	traces.
Protoxyde de fer	0.023	Arséniate de soude	traces.
— manganèse.	traces.	Silice	0.120
Matières organiques	traces.	Matières organiques	traces.
Poids des combinaisons anhydres, les carbonates étant à l'état de carbonates neutres	3.378	Total, non compris l'acide carbonique libre	5.104
		Total, y compris l'acide carbonique libre	5.498

3° Source du Pré.

Vis-à-vis la source du Puits, sur la rive droite du ruisseau, des fouilles récentes exécutées dans un pré, par M. Ligne, ont mis au jour une source nouvelle qui paraît abondante et dont l'eau possède tous les caractères des premières. Elle n'a pas encore été utilisée ; mais l'analyse suivante montre qu'elle possède une richesse de minéralisation analogue. Sa température est de 13°5.

COMPOSITION RAPPORTÉE A 1 LITRE.

Acide carbonique...... 3^{g}588	Acide carbonique libre.. 0^{g}785
— sulfurique...... 0.016	Bicarbonate de soude... 3.311
— silicique........ 0.130	— potasse .. 0.068
— phosphorique .... traces.	— chaux... 0.977
— arsénique...... traces.	— magnésie . 0.464
Chlore............. 0.038	— fer..... 0.048
Brome............traces.	— manganèse traces.
Iode............traces.	Sulfate de soude...... 0.028
Potasse............ 0.032	Phosphate de soude.... traces.
Soude............. 1.250	Chlorure de sodium.... 0.031
Lithine............ 0.008	— lithium.... 0.022
Chaux............. 0.380	Bromure de sodium.... traces.
Magnésie........... 0.145	Iodure de sodium..... traces.
Protoxyde de fer..... 0.022	Arséniate de soude.... traces.
— manganèse. traces.	Silice............. 0.130
Matières organiques... traces.	Matières organiques.... traces.
Poids des combinaisons anhydres, les carbonates étant à l'état de carbonates neutres....... 3.353	Total, non compris l'acide carbonique libre..... 5.079
	Total, y compris l'acide carbonique libre..... 5.864

4° Buvette Meinadier.

La quatrième source minérale est située sur la rive gauche du ruisseau, à 8 mètres de la source du Puits ; elle appartient à M. Meinadier, qui l'a captée dans un puits circulaire fermé à sa partie supérieure et d'où l'eau s'écoule par deux orifices. Elle est exploitée par le propriétaire, qui la vend sur place ou qui l'expédie en bouteilles.

Sa température est de 13°5.

Elle renferme les mêmes éléments que les sources voisines, mais sa minéralisation est un peu plus faible, comme le montre l'analyse suivante :

COMPOSITION RAPPORTÉE A 1 LITRE.

Acide carbonique	3ᵍ130	Acide carbonique libre		0ᵍ814
— sulfurique	0.010	Bicarbonate de soude		2.555
— silicique	0.120	— potasse		0.064
— phosphorique	traces.	— chaux		0.925
— arsénique	traces.	— magnésie		0 518
Chlore	0.032	— fer		0.054
Brome	traces.	— manganèse		traces.
Iode	traces.	Sulfate de soude		0.018
Potasse	0.030	Phosphate de soude		traces.
Soude	0.961	Chlorure de sodium		0.021
Lithine	0.008	— lithium		0.022
Chaux	0.360	Bromure de sodium		traces.
Magnésie	0.162	Iodure de sodium		traces.
Protoxyde de fer	0.024	Arséniate de soude		traces.
— manganèse	traces.	Silice		0.120
Matières organiques	traces.	Matières organiques		traces.
Poids des combinaisons anhydres, les carbonates étant à l'état de carbonates neutres	2,860	Total, non compris l'acide carbonique libre		4.297
		Total, y compris l'acide carbonique libre		5.111

On peut dire que toutes les eaux minérales du Salé se ressemblent ; mais leur composition, indiquée par les analyses qui précèdent, leur assignent un rang élevé parmi les eaux dont l'action thérapeutique est journellement mise à profit. La dose élevée de bicarbonate de soude qu'elles renferment, coincidant avec l'absence presque complète du chlorure de sodium, nous semble une circonstance heureuse qui correspond à des propriétés spéciales bien déterminées et il faut ajouter que l'iode, le brome, l'arsenic, l'acide phosphorique, que l'analyse y a décelé, quoique en faible quantité, doivent être pris en sérieuse considération par les médecins qui conseillent ces eaux minérales.

D'après M. Nivet, « les eaux de Courpière sont opposées avec succès aux affections atoniques du tube digestif, aux dyspepsies, à la chlorose, à l'anémie et aux engorgements qui succèdent aux fièvres intermittentes. »

Leur composition chimique fait supposer au savant praticien « qu'elles peuvent être utiles aux goutteux, aux calculeux, aux graveleux et aux personnes affectées d'inflammations chroniques des muqueuses génito-urinaires (1). »

EAUX MINÉRALES DE LAYAT

Sur la rive gauche de la Dore, près du hameau de Layat, on rencontre au pied d'une colline exposée au nord-est plusieurs sources minérales ou suintements accompagnés, comme au Salé, de dégagements d'acide carbonique et de dépôts ferrugineux.

Une seule a été captée ; mais des fouilles exécutées dans cette partie qui porte le nom significatif de *la Font* amèneraient certainement la découverte de plusieurs autres.

5° Source de Layat.

Elle appartient à M. Geniller, de Courpière. Elle fournit une eau abondante, limpide, très-gazeuse, d'une saveur acidule puis alcaline ; mise en bouteilles avec soin, elle se

---

(1) Nivet. *Dictionnaire*, etc., p. 111.

conserve longtemps sans former un dépôt ocreux. Sa température est de 12°2 et sa composition qui résulte de l'analyse suivante montre une analogie parfaite avec les eaux minérales du Salé, dont elle est pourtant éloignée de deux à trois kilomètres.

COMPOSITION RAPPORTÉE A 1 LITRE.

Acide carbonique.	3g000	Acide carbonique libre	0g867
— sulfurique	0.004	Bicarbonate de soude.	2.569
— silicique.	0.110	— potasse	0.051
— phosphorique.	traces.	— chaux.	0.784
— arsénique.	traces.	— magnésie.	0.381
Chlore.	0.025	— fer	0.043
Brome.	traces.	— manganèse	traces.
Iode	traces.	Sulfate de soude.	0.007
Potasse	0.024	Phosphate de soude.	traces.
Soude	0.960	Chlorure de sodium.	0.018
Lithine.	0.006	— lithium.	0.017
Chaux.	0.305	Bromure de sodium.	traces.
Magnésie	0.119	Iodure de sodium.	traces.
Protoxyde de fer	0.019	Arséniate de soude	traces.
— de manganèse.	traces.	Silice	0.110
Matières organiques	traces.	Matières organiques.	traces.
Poids des combinaisons anhydres, les carbonates étant à l'état de carbonates neutres.	2.640	Total, non compris l'acide carbonique libre.	3.977
		Total, y compris l'acide carbonique libre.	4.544

DORE-L'ÉGLISE

Un grand nombre de sources minérales existent au sud et à quelques kilomètres du village de Dore-l'Eglise, à l'extrémité sud-est du département.

Entre le hameau de Barsac et celui de Bard, le long du petit ruisseau de la Chomelle, il s'en trouve trois ou quatre, dont l'une, désignée sous le nom de Bains de Barsac et Malapert, était très en vogue autrefois.

Au sud des précédentes, quatre ou cinq avoisinent le ruisseau de Bansac, et enfin on en signale une autre au hameau du Saut qui passe pour guérir la fièvre.

Toutes ces sources sortent du granite; elles sont gazeuses et ferrugineuses. Leur éloignement, leur situation dans des montagnes granitiques, à une altitude de 700 à 800 mètres, font qu'elles sont peu connues et peu fréquentées.

ÉGLISENEUVE-D'ENTRAIGUES

La commune d'Egliseneuve-d'Entraigues, dans le canton de Besse, possède, disséminées sur son territoire très-étendu, un grand nombre de sources minérales ferrugineuses. Nous avons étudié les quatre principales, qui sont les suivantes :

1° Source du chemin Saint-Genès.

Cette source jaillit à la sortie nord-ouest du village, au pied d'une colline nommée la Coste et sur la rive gauche du ruisseau de Riaux-Cros : elle sort d'un pré appartenant à M. Tournadre et coule dans le chemin vicinal d'Egliseneuve à Saint-Genès-Champespe, en laissant un sédiment ferrugineux.

Elle est très-peu minéralisée, ne renferme pas de chlorures, mais seulement une petite quantité de bicarbonates avec une dose de sel martial qui en fait une eau franchement ferrugineuse.

Voici d'ailleurs le résultat de l'analyse que nous en avons faite :

COMPOSITION RAPPORTÉE A 1 LITRE.

Acide sulfurique	0ᵍ005	Bicarbonate de soude. . .	0ᵍ092
— silicique	0.090	— potasse . .	traces.
Chlore.	traces.	— chaux. . .	0.170
Potasse	traces.	— magnésie.	0.160
Soude	0.037	— fer	0.022
Chaux	0.066	Sulfate de soude.	0.008
Magnésie	0.050	Chlorure de sodium. . . .	traces.
Protoxyde de fer.	0.010	Silice	0.090
Matières organiques . . .	traces.	Matières organiques . . .	traces.

Poids des combinaisons anhydres, les carbonates étant à l'état de carbonates neutres.	0.395	Total.	0.542

Cette source est peu utilisée et n'a été l'objet d'aucun captage.

2º Source du Pré de la Croix-Marriol.

Cette seconde source minérale est située sur la pente de la Coste, comme la précédente, mais à l'est de celle-ci et à une altitude plus élevée de vingt mètres environ. Elle sort du pré dit *Pré de la Croix-Marriol,* dans un sol basaltique qui recouvre le granite, forme un petit bassin naturel où l'on peut puiser avec un verre et se perd dans le pré à peu de distance après avoir marqué son passage par un sédiment ocreux.

Sa composition la rapproche de la précédente ; elle est pourtant un peu plus minéralisée et surtout elle renferme une proportion notable de magnésie qui en fait une eau laxative.

COMPOSITION RAPPORTÉE A 1 LITRE.

Acide sulfurique	0ᵍ004	Bicarbonate de soude	0ᵍ176
— silicique	0.100	— potasse	traces.
Chlore	traces.	— chaux	0.398
Potasse	traces.	— magnésie	0.736
Soude	0.068	— fer	0.020
Lithine	traces.	Sulfate de soude	0.007
Chaux	0.155	Chlorure de sodium	traces.
Magnésie	0.230	— lithium	traces.
Protoxyde de fer	0.009	Silice	0.100
Matières organiques	traces.	Matières organiques	traces.
Poids des combinaisons anhydres, les carbonates étant à l'état de carbonates neutres	0.992	Total	1.437

3° Source du pré le Chambon.

A 500 mètres au sud du hameau de Bogon, qui est lui-même à 1,400 mètres au sud-est d'Egliseneuve, on trouve une petite source minérale qui se rend dans le ruisseau la Loubaneyre. Elle sort d'un rocher par plusieurs fissures dans lesquelles on introduit un tube pour recueillir l'eau.

Voici les résultats de son analyse :

COMPOSITION RAPPORTÉE A 1 LITRE.

Acide sulfurique	0ᵍ002	Bicarbonate de soude	0ᵍ353
— silicique	0.060	— potasse	traces.
Chlore	traces.	— chaux	0.720
Potasse	traces.	— magnésie	0.288
Soude	0.132	— fer	0.022
Lithine	traces.	Sulfate de soude	0.003
Chaux	0.280	Chlorure de sodium	traces.
Magnésie	0.090	— lithium	traces.
Protoxyde de fer	0.010	Silice	0.060
Matières organiques	traces.	Matières organiques	traces.
Poids des combinaisons anhydres, les carbonates étant à l'état de carbonates neutres	0.986	Total	1.446

Bien que cette source se trouve dans un terrain boisé, très en pente, rocailleux et d'un accès difficile, l'eau est très-recherchée par les habitants.

4° Source de la Cabane.

Cette source, ainsi appelée parce qu'elle jaillit dans le hameau de la Cabane, à 1,400 mètres au sud d'Egliseneuve, se trouve sur le bord du ruisseau la Clamouze, à peu de distance de son point de jonction avec la Loubaneyre pour former la Rhue.

Elle sort d'un rocher qui surplombe du côté du ruisseau, et son accès est très-difficile ; aussi est-elle peu fréquentée.

Elle forme des dépôts et des sédiments rouges plus abondants que les précédentes, et elle est en effet plus minéralisée, comme le montre l'analyse suivante :

COMPOSITION RAPPORTÉE A 1 LITRE.

Acide sulfurique	0^{g}003	Bicarbonate de soude	1^{g}856
— silicique	0.040	— potasse	traces.
Chlore	traces.	— chaux	0.917
Potasse	traces.	— magnésie	0.534
Soude	0.687	— fer	0.086
Lithine	traces.	Sulfate de soude	0.005
Chaux	0.343	Chlorure de sodium	traces.
Magnésie	0.167	— lithium	traces.
Protoxyde de fer	0.039	Silice	0.040
Matières organiques	traces.	Matières organiques	traces.
Poids des combinaisons anhydres, les carbonates étant à l'état de carbonates neutres	2.265	Total	3.438

On voit que cette eau est très-ferrugineuse et qu'elle contient une quantité notable de bicarbonates de soude, de chaux et de magnésie, sans chlorures. Elle mériterait d'être captée et expérimentée.

ENVAL

Source d'Enval.

Au-dessus du village d'Enval, dans le canton de Riom, on admire une charmante vallée terminée à son extrémité supérieure par des rochers escarpés et arrosée par le ruisseau d'Ambène, qui s'y introduit en formant une belle cascade. C'est dans cette vallée, désignée quelquefois sous le nom de *Bout du monde,* que se trouve la source d'Enval.

Elle est captée dans une petite construction en maçonnerie, sur la rive gauche du ruisseau, où elle se déverse en produisant un abondant dépôt ferrugineux.

L'eau est limpide, très-gazeuse, avec une saveur acidule et un peu ferrugineuse. Son débit est de 8 à 10 litres par minute et sa température de 15°1.

Elle a été analysée en 1845 par M. Nivet, qui lui a trouvé à cette époque une température de 18°. L'analyse suivante, que nous en avons faite 32 ans plus tard, ne diffère pas sensiblement de la première, si ce n'est qu'elle accuse une proportion plus grande de sel calcaire et au contraire une quantité plus faible de sel magnésien.

COMPOSITION RAPPORTÉE A 1 LITRE.

Acide carbonique	2ᵍ010	Acide carbonique libre. .	1ᵍ170
— sulfurique.	0.030	Bicarbonate de soude.. . ⎫	
— silicique.	0.090	— potasse.. ⎬	0.160
— phosphorique. . . . traces.		— chaux . . .	0.936
— arsénique . . . . . traces.		— magnésie .	0.182
Chlore.	0.046	— fer.	0.022
Potasse . . . . ⎫		Sulfate de soude.	0.053
Soude . . . . ⎬	0.112	Phosphate de soude. . . . traces.	
Lithine	0.005	Chlorure de sodium. . . .	0.057
Chaux.	0.364	— lithium. . . .	0.014
Magnésie.	0.057	Arséniate de soude . . . . traces.	
Protoxyde de fer	0.010	Silice.	0.090
Matières organiques. . . . traces.		Matières organiques. . . . traces.	

Poids des combinaisons anhydres, les carbonates étant à l'état de carbonates neutres.	1.012	Total, non compris l'acide carbonique libre	1.514
		Total, y compris l'acide carbonique libre	2.684

L'eau d'Enval est donc gazeuse, ferrugineuse et calcique. C'est une eau de table recherchée, et son propriétaire en expédie de grandes quantités à Riom et dans les environs.

D'après M. Nivet, « on l'ordonne aux personnes affectées de chlorose, de dyspepsie, de gastralgie et de gastrite chronique. Elle convient aussi dans les inflammations sub-aiguës et invétérées de la muqueuse génito-urinaire (1). »

Une seconde source a été signalée dans la même vallée, un peu au-dessus de la précédente. Nous n'avons pu la découvrir ; mais nous pensons qu'elle a été envahie par l'eau du ruisseau, à la suite de fouilles exécutées dans le but d'obtenir un petit bassin où l'on fait actuellement rouir du chanvre.

(1) Nivet. *Dictionnaire*, etc., page 228.

GIMEAUX

La commune de Gimeaux, située à six kilomètres au nord de Riom, possède des sources minérales remarquables qui sortent du terrain primitif et qui sont pour la plupart environnées d'abondants dépôts calcaires qu'elles ont produits.

Les principales sont au nombre de cinq : une seule est employée en boisson comme eau médicinale ; les autres servent à obtenir des incrustations.

1° Source du Ruisseau.

La source du Ruisseau se trouve sur la rive gauche d'un petit cours d'eau, à quelques centaines de mètres de l'extrémité du village et sur les limites des communes de Gimeaux et de Prompsat.

Il n'y a aucune installation.

Elle est très-abondante et fournit une eau limpide, d'une saveur acidule et saline. Sa température est de 20°4.

L'analyse nous a donné les résultats suivants :

COMPOSITION RAPPORTÉE A 1 LITRE.

Acide carbonique.	1ᵍ700	Acide carbonique libre . .		0ᵍ564
— sulfurique.	0.130	Bicarbonate de soude. . }		0.200
— silicique.	0.125	— potasse . }		
— phosphorique . . .	0.008	— chaux. . .		1.156
— arsénique	traces.	— magnésie .		0.608
Chlore.	0.650	— fer		0.013
Potasse . . . . }	0.722	Sulfate de soude.		0.231
Soude . . . . }		— strontiane. . . .		t.-sens.
Lithine	0.009	Phosphate de soude. . . .		traces.
Chaux	0.450	Chlorure de sodium. . . .		1.038
Magnésie	0.190	— lithium. . . .		0.025
Strontiane.	t.-sens.	Arséniate de soude		traces.
Protoxyde de fer. . . .	0.006	Silice		0.125
Matières organiques. . .	traces.	Matières organiques . . .		traces.

Poids des combinaisons anhydres, les carbonates étant à l'état de carbonates neutres 2.770

Total, non compris l'acide carbonique libre 3.412
Total, y compris l'acide carbonique libre 3.976

Cette eau minérale se distingue par une faible proportion de bicarbonates alcalins et par une dose élevée de sels calcaire et magnésien ainsi que de chlorure de sodium ; enfin, elle est légèrement ferrugineuse, lithinée et phosphatée. Elle est d'ailleurs peu fréquentée.

2º Grande source de l'Etablissement.

C'est la plus importante du groupe des sources de Gimeaux par son débit et son emploi. Elle prend naissance sur un monticule, à droite de la route qui va de Gimeaux à Prompsat, et elle a déposé une telle quantité de travertins qu'on a dû les couper pour élargir la route et qu'à certain endroit, près de l'établissement, ils forment un rocher de quatre à cinq mètres de haut.

Cette source fournit 200 litres par minute, à une température de 25 degrés.

Elle est employée à produire des incrustations dans un vaste établissement qui appartient à la commune et qui est affermé à M. Desaize.

Nous ne décrirons point ici les procédés employés pour obtenir ces pétrifications ou incrustations, ils ont été exposés au sujet de la source Saint-Pierre, à Clermont-Ferrand (1). Disons toutefois qu'à Gimeaux l'*épuration* d'une eau si abondante exige l'emploi d'un canal de plus de 200 mètres de long ; ce canal, creusé dans le travertin même, est recouvert d'une voûte dans laquelle on a pratiqué, de distance en distance, des ouvertures ou cheminées qui donnent passage à l'acide carbonique dégagé en abondance par l'eau minérale. L'escalier en bois, sur lequel l'eau s'écoule en larges cascades, a une hauteur de plus de vingt mètres et peut recevoir à la fois un très-grand nombre d'objets ou de moules.

Les produits obtenus à Gimeaux sont aussi remarquables que nombreux et témoignent d'une très-grande habileté. Ils constituent une branche d'industrie qui a pris dans ces dernières années un accroissement considérable.

Nous avons analysé l'eau de la grande source après l'avoir recueillie successivement à l'origine, au haut de l'escalier, c'est-à-dire après qu'elle a été épurée, et enfin au bas des cascades, après qu'elle a incrusté. Les tableaux suivants montrent les variations qu'elle subit dans sa composition par suite de son emploi :

(1) Voir Clermont-Ferrand, page 131.

	A la source.	Après l'épuration.	Après avoir incrusté.
Acide carbonique.	2ᵍ101	1ᵍ593	0ᵍ915
— sulfurique.	0.159	0.160	0.162
— silicique	0.130	0.128	0.128
— phosphorique. . . .	0.008	0.008	0.008
— arsénique.	traces.	traces.	traces.
Chlore	0.653	0.653	0.659
Potasse. . . . . ⎫ Soude . . . . ⎬	0.778	0.780	0.780
Lithine.	0.009	0.009	0.009
Chaux	0.485	0.418	0.206
Magnésie	0.205	0.180	0.180
Strontiane.	t.-sens.	t.-sens.	t.-sens.
Protoxyde de fer	0.008	0.003	traces
Matières organiques. . . .	traces.	traces.	traces.
Poids des combinaisons anhydres, les carbonates étant à l'état de carbonates neutres.	2.980	2.801	2.426

	A la source.	Après l'épuration.	Après avoir incrusté.
Acide carbonique libre. .	0ᵍ830	0ᵍ340	»
Bicarbonate de soude . . ⎫ — potasse . ⎬	0.286	0.290	0.290
— chaux . . .	1.246	1.075	0.529
— magnésie .	0.656	0.576	0.576
— fer.	0.018	0.007	traces.
Sulfate de soude.	0.282	0.284	0.286
— de strontiane. . .	t.-sens.	t.-sens.	t.-sens.
Phosphate de soude. . . .	0.016	0.016	0.016
Chlorure de sodium. . . .	1.043	1.043	1.053
— lithium. . . .	0.025	0.025	0.025
Arséniate de soude. . . .	traces.	traces.	traces.
Silice.	0.130	0.128	0.128
Matières organiques. . . .	traces.	traces.	traces.
Total, non compris l'acide carbonique libre.	3.702	3.444	2.903
Total, y compris l'acide carbonique libre.	4.532	3.784	»

A Gimeaux, l'eau minérale qui a traversé les canaux épurateurs n'a pas perdu tout son acide carbonique libre, comme celle de Clermont; ce résultat doit être attribué à ce que l'eau ne circule pas à l'air libre, mais bien dans des souterrains dont l'atmosphère est chargée d'acide carbonique. Comme conséquence, l'eau s'est moins aérée, et le fer, qu'elle renferme d'ailleurs en petite quantité, s'est conservé en dissolution en proportion suffisante pour produire, en haut des cascades, des objets à teintes ferrugineuses ou grises. Ainsi, à Clermont, où les eaux sont très-chargées de sel martial, on est obligé de les épurer à l'air libre pour se débarrasser du fer en excès; tandis qu'à Gimeaux, où cet élément domine moins, on en conserve la quantité nécessaire en les soustrayant en partie à l'action de l'oxygène de l'air. L'analyse donne ainsi la raison d'un procédé que la pratique avait su varier suivant les besoins.

Un litre d'eau minérale qui contenait 1^g246 de bicarbonate de chaux, en a perdu 0^g171 dans l'épuration et 0^g546 pendant le travail de l'incrustation. C'est, comme à Clermont, plus de moitié du sel que contenait l'eau. Un simple calcul montre qu'à chaque minute la grande source de Gimeaux dépose environ 100 grammes de carbonate de chaux, soit 6 kilogr. par heure, 144 par jour ou 52,160 par an!

Cette source est la seule du groupe de Gimeaux qui ait été jusqu'ici l'objet d'un travail analytique : Mossier en a donné une analyse relatée par M. Nivet (1) et qui signale une grande quantité de bicarbonate de magnésie; M. J. Lefort (2) a publié de son côté, en 1859, une analyse de cette

(1) Nivet. *Dictionnaire*, etc., p. 113. 1846.
(2) J. Lefort. *Annales de la Société d'hydrologie médicale de Paris*, t. VI, p. 67. 1859.

même source, et les résultats obtenus, qui concordent parfaitement avec ceux que nous avons signalés plus haut, montrent que la composition de l'eau n'a pas varié depuis vingt ans.

3° Source de la Route.

A quelques pas de l'établissement, sur le bord de la route, se trouve une petite source minérale qui n'est pas utilisée, si ce n'est par les passants qui la boivent dans la belle saison.

Elle s'écoule d'un rocher en produisant un dépôt rouge d'oxyde de fer.

L'analyse suivante montre une grande analogie avec l'eau de la grande source ; elle est toutefois plus ferrugineuse.

COMPOSITION RAPPORTÉE A 1 LITRE.

Acide carbonique	2ᵍ301	Acide carbonique libre . .	0ᵍ943
— sulfurique	0.140	Bicarbonate de soude . . }	0.237
— silicique	0.127	— potasse . }	
— phosphorique. . . .	0.008	— chaux. . .	1.260
— arsénique	traces.	— magnésie .	0.657
Chlore	0.640	— fer.	0.026
Potasse . . . . }	0.727	Sulfate de soude	0.248
Soude . . . . }		— strontiane . . t.-sens.	
Lithine	0.009	Phosphate de soude. . . .	0.016
Chaux	0.490	Chlorure de sodium. . . .	1.022
Magnésie	0.208	— lithium . . .	0.025
Strontiane. . . . . t -sens.		Arséniate de soude	traces.
Protoxyde de fer	0.012	Silice	0.127
Matières organiques . . . traces.		Matières organiques. . . . traces.	
Poids des combinaisons anhydres, les carbonates étant à l'état de carbonates neutres	2.907	Total, non compris l'acide carbonique libre	3.618
		Total, y compris l'acide carbonique libre.	4.561

4° Source de la Vigne.

La source de la Vigne sort du même monticule que la grande source, mais du côté opposé par rapport à l'établissement.

Elle est captée dans un bassin carré en maçonnerie qui est couvert et elle est dirigée au moyen de canaux en bois, d'une longueur de 40 mètres, dans l'établissement de pétrification.

Sa température est de 24°5 et son débit d'environ 50 litres par minute.

L'analyse nous a donné les résultats suivants, tout à fait comparables à ceux fournis par la grande source :

COMPOSITION RAPPORTÉE A 1 LITRE.

Acide carbonique.	2ᵍ298	Acide carbonique libre . .	0ᵍ975
— sulfurique	0.160	Bicarbonate de soude . . }	
— silicique	0.125	— potasse . }	0.252
— phosphorique. . . .	0.008	— chaux. . .	1.216
— arsénique.	traces.	— magnésie .	0.643
Chlore.	0.653	— fer	0.011
Potasse . . . . }		Sulfate de soude	0.284
Soude . . . . }	0.767	— strontiane . . t.-sens.	
Lithine	0.009	Phosphate de soude. . . .	0.016
Chaux	0.473	Chlorure de sodium . . .	1.043
Magnésie	0.201	— lithium . . .	0.025
Strontiane. . . . . t.-sens.		Arséniate de soude	traces.
Protoxyde de fer	0.005	Silice	0.125
Matières organiques. . . .	traces	Matières organiques . . .	traces.
Poids des combiraisons anhydres, les carbonates étant à l'état de carbonates neutres	2.922	Total, non compris l'acide carbonique libre	3.615
		Total, y compris l'acide carbonique libre	4.590

5° Source du Ceix.

La cinquième source, dite du Ceix, se trouve au nord de Gimeaux, sur le chemin de Rouzat.

Elle est captée dans un puits en maçonnerie et dirigée par des rigoles en bois dans un petit établissement où l'on prépare des incrustations.

Sa température est de 25°4 et son débit 45 litres par minute.

Nous lui avons trouvé la composition suivante :

COMPOSITION RAPPORTÉE A 1 LITRE.

Acide carbonique.	2ᵍ233	Acide carbonique libre. .	0ᵍ945
— sulfurique	0.180	Bicarbonate de soude . . }	0.301
— silicique	0.110	— potasse . }	
—. phosphorique . . .	0.010	— chaux. . .	1.028
— arsénique . . . . . traces.		— magnésie .	0.710
Chlore.	0.627	— fer	0:026
Potasse . . . . }	0.780	Sulfate de soude.	0.319
Soude . . . . }		— strontiane . . . . . t.-sens.
Lithine	0.009	Phosphate de soude. . . .	0.020
Chaux	0.400	Chlorure de sodium . . .	1.000
Magnésie	0.222	— lithium . . .	0.025
Strontiane. . . . . t.-sens.		Arséniate de soude . . . . traces.
Protoxyde de fer	0.012	Silice	0.110
Matières organiques . . . traces.		Matières organiques . . . traces.
Poids des combinaisons anhydres, les carbonates étant à l'état de carbonates neutres	2.850	Total, non compris l'acide carbonique libre	3.539
		Total , y compris l'acide carbonique libre	4.484

GLAINE-MONTAIGUT

On signale dans la commune de Glaine-Montaigut une source appelée *Font-Salade*, qui serait peu connue et peu fréquentée. Elle doit être sans importance, si elle n'a pas disparu, car nous n'avons pu ni la découvrir ni nous la faire indiquer.

En revanche, nous en avons rencontré deux au Cornet, propriété de Mme de Vichy.

1° Source du Cornet, bâtie.

La première se trouve au bas du château du Cornet, captée dans une petite construction en maçonnerie.

Elle fournit de trois à quatre litres par minute d'une eau à la température de 11°8. Elle est gazeuse, très-limpide et d'une saveur acidule agréable, aussi est-elle très en vogue dans tout le voisinage, madame de Vichy la laissant à la libre disposition du public.

L'analyse suivante que nous en avons faite montre que l'eau du Cornet est une eau carbonique :

COMPOSITION RAPPORTÉE A 1 LITRE.

Acide carbonique.	1g480		Acide carbonique libre.		1g170
— sulfurique.	0.028		Bicarbonate de soude.		0.078
— silicique.	0.028		— potasse.		traces.
Chlore.	0.020		— chaux.		0.282
Potasse.	traces.		— magnésie.		0.144
Soude	0.068		— fer		traces.
Chaux	0.110		Sulfate de soude.		0.050
Magnésie	0.045		Chlorure de sodium.		0.032
Protoxyde de fer.	traces.		Silice.		0.028
Matières organiques.	traces.		Matières organiques.		traces.
Poids des combinaisons anhydres, les carbonates étant à l'état de carbonates neutres	0.454		Total, non compris l'acide carbonique libre		0.614
			Total, y compris l'acide carbonique libre.		1.784

C'est une eau de table excellente et qui peut être recommandée contre les digestions lentes ou pénibles.

2° Source du Cornet, non bâtie.

A deux cents mètres de la première, en remontant un petit ravin, on trouve une autre source plus abondante, non captée, et qui dégage quelques rares bulles d'acide carbonique. L'eau en est de même acidule, plus gazeuse peut-être et aussi agréable.

Sa température est de 10°4.

Voici les résultats de son analyse :

COMPOSITION RAPPORTÉE A 1 LITRE.

Acide carbonique.	1ᵍ686	Acide carbonique libre. . .	1ᵍ350
— sulfurique	0.034	Bicarbonate de soude. . .	0.041
— silicique	0.030	— potasse . . traces.	
Chlore.	0.009	— chaux. . .	0.313
Potasse . . . . traces.		— magnésie .	0.179
Soude	0.048	— fer. . . . . traces.	
Chaux.	0.122	Sulfate de soude	0.060
Magnésie	0.056	Chlorure de sodium. . . .	0.015
Protoxyde de fer. . . . . traces.		Silice	0.030
Matières organiques . . . traces.		Matières organiques . . . traces.	

Poids des combinaisons anhydres, les carbonates étant à l'état de carbonates neutres. 0.464

Total, non compris l'acide carbonique libre. 0.638
Total, y compris l'acide carbonique libre 1.988

GRANDEYROL

Source de Rognon.

La source dont nous allons parler porte quelquefois le nom d'*Eau de Montaigut*, parce qu'elle jaillit à la limite des communes de Montaigut et de Grandeyrol, mais elle est sur le territoire de cette dernière commune.

Lorsqu'on suit la route de Montaigut à Saint-Nectaire, on ne tarde pas à rencontrer le ruisseau du Cey, à droite de la colline sur laquelle est bâtie la tour Rognon. En remontant le cours de ce ruissesu par un petit sentier pratiqué sur sa rive droite on trouve, à 600 mètres à l'ouest de la tour, à quelques mètres seulement du ruisseau et près de l'endroit où vient se jeter le petit ruisseau de Grandeyrol, une source minérale ferrugineuse, plus connue sous le nom de *Source Rognon*. Elle sort des fentes du granite. Après avoir appartenu à la famille de Laizer, elle est depuis dix-huit ans la propriété de M. Henri Chandèze, qui l'a captée en réunissant plusieurs filets voisins et l'a entourée d'une construction en pierre.

Son débit est de 25 à 30 litres par minute, et sa température de 10°9.

Elle bouillonne constamment par le dégagement de l'acide carbonique ; c'est une eau très-limpide, gazeuse, d'une saveur acidule, saline et ferrugineuse.

L'analyse nous a donné les résultats suivants :

COMPOSITION RAPPORTÉE A 1 LITRE.

Acide carbonique	3g310	Acide carbonique libre		1g306
— sulfurique	0.055	Bicarbonate de soude	}	
— silicique	0.105	— potasse	}	2.449
— phosphorique	traces.	— chaux		0.630
— arsénique	traces.	— magnésie		0.416
Chlore	0.384	— fer		0.044
Potasse	}	Sulfate de soude		0.098
Soude	} 1.285	Phosphate de soude		traces.
Lithine	0.005	Chlorure de sodium		0.615
Chaux	0.245	— lithium		0.014
Magnésie	0.130	Arséniate de soude		traces.
Protoxyde de fer	0.020	Silice		0.105
Matières organiques	traces.	Matières organiques		traces.
Poids des combinaisons anhydres, les carbonates étant à l'état de carbonates neutres	3.150	Total, non compris l'acide carbonique libre		4.421
		Total, y compris l'acide carbonique libre		5.727

L'eau de la tour Rognon est utilisée comme eau de table par nombre de personnes qui viennent s'approvisionner à la source ou bien qui la prennent à Champeix où le propriétaire entretient un dépôt.

On la conseille contre les digestions lentes ou pénibles ; les bicarbonates alcalins qu'elle renferme en assez grande quantité, associés aux sels terreux, au fer et accompagnés d'une grande proportion d'acide carbonique libre, semblent lui assigner des propriétés plus étendues et que l'on a coutume de demander aux eaux ferrugineuses bicarbonatées.

GRANDRIF

Source de Grandrif.

Un peu au-dessus du village de ce nom, sur la lisière d'un bois de hêtre, on trouve la source minérale de Grandrif, qui a une grande réputation dans le voisinage.

Elle sort d'une fissure du gneiss et elle est recueillie dans un bassin creusé dans la roche d'où elle s'écoule dans le ruisseau voisin.

Sa température est de 10°; elle est très-limpide et d'une saveur aigrelette fort agréable.

Cette eau minérale a été étudiée en 1838 par Lecoq (1) et analysée à cette époque par Baudin, qui lui a assigné la composition suivante :

Acide carbonique.	un volume.
Bicarbonate de soude . . .	0ᵍ099
— magnésie . .	0.100
— chaux . . .	0.332
— fer	0.009
Sulfate de soude	0.005
Chlorure de sodium	0.004
Silice. . . . . ,	0.045
	0.594

C'est, comme on le voit, une eau carbonique.

(1) Lecoq. *Recherches analytiques et médicales sur l'eau de Grandrif.* Clermont, 1838.

En 1854, M. O. Henry, chargé par l'Académie de médecine de procéder à une nouvelle analyse, a confirmé celle de Baudin et a signalé de plus la présence de quelques traces de manganèse et d'iode, et enfin de légers indices d'arsenic dans le dépôt ocracé.

L'eau de Grandrif, employée seulement en boisson, a acquis une réelle célébrité ; non-seulement elle est signalée comme une eau de table, apéritive, facilitant les digestions ou dissipant les embarras gastriques, mais il faudrait ajouter à cette liste quelques affections des voies urinaires, la chlorose, les maladies chroniques des voies digestives et surtout les fièvres intermittentes invétérées qui résistent au quinquina. Ces assertions trouveraient sans doute des incrédules si le docteur Maisonneuve, inspecteur des eaux de Grandrif, n'assurait les avoir vérifiées d'une manière certaine. Sa longue pratique lui suggérait les observations suivantes :

« Quels sont, parmi les agents révélés par l'analyse, ceux qui peuvent imprimer à l'économie des modifications aussi puissantes ? L'acide carbonique suffit-il à donner l'explication de phénomènes si variés ? Faut-il lui attribuer l'heureuse réaction des eaux de Grandrif contre les défaillances morales de l'hypocondrie ?

» Quelques atômes d'arsenic que l'eau prise à sa source contient pour ainsi dire à regret, puisqu'elle s'en débarrasse au plus vite, peuvent-ils dompter les fièvres intermittentes rebelles ?

» Est-ce la silice et les bicarbonates alcalins qui détergent les reins, dissolvent les graviers et restituent à la vessie son élasticité originelle ?

» Quelques doses infinitésimales de fer, de manganèse ou

d'iode suffisent-elles à arracher une jeune fille à ces limbes sans soleil et sans printemps qu'on appelle les pâles couleurs?

» Enfin, les quelques centigrammes de sels de soude et de magnésie, que conserve cette eau, sont-ils assez énergiques pour décaper pour ainsi dire les muqueuses digestives et rétablir leur mouvement régulier de sécrétion et d'absorption quand il est irrégulier ou interrompu?

» Tous ces agents, isolés, seraient impuissants sans aucun doute à accomplir pareille œuvre. Il faut demander cette explication à tous les agents de l'eau minérale réunis, à leur association avec cette matière organique si mystérieuse, qui échappe à l'analyse, qu'on ne retrouve que dans les eaux minérales naturelles (1). »

Nous tirerons de cette dissertation si pleine d'intérêt du docteur d'Ambert, la conclusion que les chimistes ne sauraient trop se livrer à l'étude de la composition des eaux minérales. En découvrant des substances que l'on n'y soupçonnait pas, ils résoudront parfois d'utiles problèmes jusque-là insolubles. C'était l'avis de l'illustre Thénard lorsqu'il disait :

« Le chimiste qui nous ferait connaître, indépendamment » des substances qui se rencontrent dans presque toutes les » eaux minérales, les quantités d'arsenic, d'iode, de brome, » de fer, d'hydrogène sulfuré, de sulfure alcalin, d'acide » carbonique et de bicarbonate de soude qu'elles pourraient » contenir, rendrait un grand service à l'art de guérir (2). »

(1) Maisonneuve. *Notice sur les Eaux minérales gazeuses naturelles de Grandrif*. Clermont-F., 1854.

(2) *Journal de Pharmacie*, 3ᵉ série, t. XXVI, p. 124.

JOB

1° Source de Sagnette.

2° Source de la Bécherie.

3° Source de la Souche.

On trouve aux environs de la commune de Job, dans le canton d'Ambert, trois sources minérales qui portent les noms de Sagnette, de la Bécherie et de la Souche.

La première jaillit au sud-ouest et tout près de Job, dans une prairie appartenant à M. le baron d'Hautpoul. Elle bouillonne sous l'influence de l'acide carbonique.

La source de la Bécherie est à deux kilomètres au nord de Job, dans la propriété de ce nom appartenant à M. Béal.

Enfin, la source de la Souche prend naissance dans un sentier, près du hameau de ce nom, au sud-est de Job; elle est fréquemment appelée source des Creux et appartient à M. Pegheon.

Ces trois eaux minérales ont des propriétés physiques et chimiques analogues; elles sont limpides, froides et acidules.

L'analyse nous a donné les résultats suivants, qui indiquent des eaux peu minéralisées :

	Sagnette.	La Bécherie.	La Souche.
Acide carbonique	1^g087	1^g383	0^g961
— sulfurique. . . .	traces.	traces.	traces.
— silicique.	0.080	0.070	0.075
Chlore	0.010	0.010	0.010
Potasse . . . . } Soude . . . . }	0.039	0.070	0.039
Chaux	0.159	0.210	0.140
Magnésie	0.036	0.075	0.010
Protoxyde de fer	traces.	traces.	traces.
Matières organiques. . .	traces.	traces.	traces.
Poids des combinaisons anhydres, les carbonates étant à l'état de carbonates neutres . .	0.510	0.725	0.415

	Sagnette.	La Bécherie.	La Souche.
Acide carbonique libre. .	0^g715	0^g810	0^g675
Bicarbonate de soude . } — potasse }	0.084	0.168	0.084
— chaux . .	0.409	0.540	0.360
— magnésie	0.115	0.230	0.032
— fer. . . .	traces.	traces.	traces.
Sulfate de soude.	traces.	traces.	traces.
Chlorure de sodium. . .	0.016	0.016	0.016
Silice	0.080	0.070	0.075
Matières organiques . .	traces.	traces.	traces.
Total, non compris l'acide carbonique libre.	0.704	1.024	0.557
Total, y compris l'acide carbonique libre	1.419	1.834	1.232

Les eaux de Job se rapprochent des eaux carboniques ; elles sont utilisées comme eaux de table, surtout celle de Sagnette, qui est plus rapprochée du village. On les a comparées à celles de Grandrif ; mais elles sont moins gazeuses.

JOSE

Les eaux minérales de la commune de Jose portent le nom
d'eaux de Médagues, que les anciens auteurs écrivent Médai-
gues ou Medesques.

Elles se trouvent sur la rive droite et dans l'ancien lit de
l'Allier, un peu au-dessous du village de Jose, qui est sur la
rive gauche.

Ce fut, au dire de Jean Banc, un médecin de Thiers
nommé Bachot qui les fit connaître et employer vers la fin
du seizième siècle.

« Ce ne sont pas seulement, ajoute cet auteur, sources
froides, calcanteuses et ferrugineuses à la mode des autres
les plus riches, ce sont petits lacs entiers de telles merueilles
qui ont leurs sources presque en eux-mesmes pour la plus-
part ; chargées de roseaux en quelques endroits : par le
milieu d'oyseaux aquatiques, principalement en hyver : et
aux lieux moins humides et couuerts, d'armées presque de
pigeons recherchans l'acuité des fèces de ceste eau minérale.

» Il y a outre cela deux insignes sources séparées, l'vne
plus haulte et prochaine de la riuière que l'autre, dans vn
pré marécageux. Ceste-cy est claire et froide à merueille,
couuerte d'infinis bouillons, piquante et fort vaporeuse au
goust et m'a tousiours semblé quand je l'ay soigneusement
et ententiuement goustée, qu'elle avait ses qualités plus
releuées et estendues que celles de Pougues.

» L'autre source est plus basse, mais ce me semble plus

profonde dans la prairie; elle n'est ni picquante à mon goust, ny si claire à l'œil, mais ses feces paraissent plus orangées dans les lieux de leur cours que les précédentes (1). »

On reconnaît dans cette description, qui date de 1605, les trois principales sources d'aujourd'hui : la première, qui sourd au milieu d'un lac, est le *Gros-Bouillon ;* la seconde, plus rapprochée de la rivière, est la source des *Graviers,* et enfin, la plus basse, le *Petit-Bouillon.* Il en existe une quatrième non captée, la source *Daguillon.*

1o Source de l'Ours ou du Gros-Bouillon.

Il y a quelques années seulement, cette source jaillissait à l'extrémité sud d'un lac long et étroit, près d'un escarpement « au pied duquel sont entassés des blocs de travertins et des fragments de brèches formées de cailloux roulés noirs empâtés dant un ciment d'aragonite blanche (Nivet). »

La source du Gros-Bouillon appartenait à la commune de Jose ; elle a été acquise par M. de Benoist, qui l'a captée et qui a construit un établissement complet pour l'embouteillage et l'expédition de l'eau. On l'appelle actuellement eau de l'Ours, nom du château de son propriétaire.

L'établissement consiste dans un vaste bâtiment aménagé pour la manutention des bouteilles. A son centre jaillit la source dans un bassin en fer à cheval muni de robinets et entouré des machines à boucher. L'eau qui s'écoule par un trop-plein va alimenter un système de bacs disposés sur trois rangs et destinés au lavage des bouteilles.

L'eau de l'Ours est limpide, très-gazeuse, d'une saveur

(1) Jean Banc..., p. 86-2. 1605.

acidule et saline. Bien qu'elle soit assez fortement minéralisée, elle ne contient qu'une petite quantité de fer, et mêlée au vin elle lui communique cette saveur fraîche et piquante que l'on recherche d'ordinaire.

C'est une eau de table très-agréable qui s'expédie depuis quelques années en quantités considérables.

Sa température est de 13°8 et son débit de 70 litres par minute.

Sa composition, qui n'avait pas encore été déterminée, est représentée dans le tableau ci-après.

2° Source Daguillon.

A une quarantaine de mètres au sud-est de la précédente jaillit, au milieu d'un champ, une source appartenant à M. Daguillon et qui n'est pas encore captée. Elle est peu abondante, moins ferrugineuse que les sources voisines et se recouvre d'une grande quantité de matières organiques vertes. Sa température est de 14°. Nous en avons fait également l'analyse, insérée au tableau ci-dessous.

3° Source des Graviers.

Cette source, qui est la propriété de la famille Goutay, se trouve à 300 mètres au sud-ouest de la source de l'Ours. C'est la plus anciennement connue des sources de Médague, et elle est depuis longtemps captée dans un bassin rectangulaire en maçonnerie. De nombreuses et grosses bulles d'acide carbonique la traversent.

Elle possède toutes les propriétés physiques de l'eau de l'Ours; sa température est la même, soit 13°8; mais sa minéralisation est un peu plus élevée, et l'augmentation porte sur le bicarbonate de chaux et le chlorure de sodium. Elle dégage à la source une légère odeur bitumineuse.

Elle a été analysée en 1845 par M. Nivet et en 1855 par M. Bouquet; en comparant les résultats obtenus par nos devanciers à ceux qui sont consignés ci-dessous, on constate que l'eau n'a pas varié dans sa composition générale.

4° Source du Petit-Bouillon.

Entre la source des Graviers et le domaine de Médague se trouve la source du Petit-Bouillon. Elle appartient à M. Ch. de Riberolles, qui l'a captée et renfermée dans un bassin rectangulaire en ciment. Elle donne de 20 à 30 litres par minute et elle est constamment traversée par un dégagement abondant d'acide carbonique. Sa température est de 13°7.

Comme le montre l'analyse suivante, elle a une minéralisation moins élevée que les précédentes, et à ce titre elle pourrait être préférée comme eau de table, étant d'ailleurs aussi gazeuse. On ne peut supposer que cet écart dans la minéralisation provienne d'un mélange d'eau douce avec une eau qui serait primitivement identique aux voisines, car tous ses éléments subiraient la même réduction proportionnelle; or, elle contient les mêmes doses de fer et de lithine que les sources de l'Ours et des Graviers.

Voici les résultats que nous a fournis l'analyse des eaux de Médague :

POUR UN LITRE D'EAU MINÉRALE.	Source de l'Ours.	Source Daguillon	Source des Graviers.	Source du Petit-Bouillon.
	gr.	gr.	gr.	gr.
Acide carbonique	2.980	2.900	3.150	2.250
— sulfurique.	0.141	0.145	0.140	0.130
— silicique.	0.080	0.140	0.072	0.070
— phosphorique.	traces.	traces.	traces.	traces.
— arsénique.	traces.	traces.	traces.	traces.
Chlore	0.419	0.220	0.660	0.304
Potasse.	0.145	0.120	0.145	0.077
Soude.	0.952	0.900	0.161	0.685
Lithine.	0.010	0.010	0.010	0.010
Chaux	0.615	0.610	0.726	0.436
Magnésie.	0.301	0.280	0.289	0.237
Protoxyde de fer.	0.007	0.003	0.007	0.007
Matières organiques.	traces.	traces.	traces.	traces.
Poids des combinaisons anhydres, les carbonates étant à l'état de carbonates neutres	3.778	3.675	4.385	2.770

Ces chiffres peuvent être groupés de manière à représenter les combinaisons salines suivantes :

POUR UN LITRE D'EAU MINÉRALE.	Source de l'Ours.	Source Daguillon	Source des Graviers.	Source du Petit-Bouillon.
	gr.	gr.	gr.	gr.
Acide carbonique libre.	0.516	0.310	0.510	0.490
Bicarbonate de soude.	1.379	1.677	1.374	0.920
— de potasse.	0.245	0.255	0.310	0.165
— de chaux.	1.582	1.568	1.867	1.121
— de magnésie.	0.960	0.896	0.924	0.759
— de fer	0.015	0.006	0.015	0.015
Sulfate de soude.	0.250	0.257	0.248	0.231
Phosphate de soude.	traces.	traces.	traces.	traces.
Chlorure de sodium.	0.633	0.325	1.048	0.470
— de lithium.	0.030	0.030	0.030	0.030
Arséniate de soude	traces.	traces.	traces.	traces.
Silice.	0.080	0.140	0.072	0.070
Matières organiques.	traces.	traces.	traces.	traces.
Total, non compris l'acide carbonique libre.	5.174	5.154	5.888	3.781
Total, y compris l'acide carbon. libre.	5.690	5.464	6.398	4.271

Les eaux de Médague ont une réputation ancienne et
elles sont fréquentées par les habitants des localités voisines
qui en abusent quelquefois au point que, suivant le docteur
Bertrand, de Pont-du-Château, il en résulte des superpur-
gations, des gastro-entérites, ou même, chose curieuse, des
recrudescences des affections qu'elles étaient destinées à
combattre.

Elles sont employées pour combattre les engorgements
du foie et de la rate, et les hydropisies qui succèdent aux
fièvres intermittentes (Nivet). Le docteur Bertrand les a
conseillées dans les maladies chroniques des voies urinaires,
dans les inflammations chroniques de la muqueuse intesti-
nale, etc.

Il faut ajouter qu'elles servent surtout comme eaux de
table.

LOUBEYRAT

EAUX MINÉRALES DE SANS-SOUCI

Sans-Souci se trouve sur le territoire de la commune de
Loubeyrat, à 3 kilomètres de Châtelguyon et à dix kilomètres
de Riom, sur la droite de la route qui conduit de cette
dernière ville à Châteauneuf. C'est l'extrémité d'une vallée
granitique très-pittoresque, qui commence au pont de
Châtelguyon et qui est traversée par le ruisseau de Romeuf.
Ce ruisseau, qui se transforme en torrent après les grandes
pluies ou la fonte des neiges, forme à Sans-Souci une cascade
d'un très-bel effet.

On y rencontre trois sources minérales froides découvertes depuis quelques années seulement, captées et exploitées par M. Georget.

La première, la *source Georget*, fournit de 2 à 3 litres par minute. L'eau est limpide, gazeuse, d'une saveur acidule et peu saline.

La seconde, qui porte le nom de *source Galathée*, est moins abondante, plus gazeuse, d'une saveur aigrelette, puis saline et ferrugineuse.

Enfin la troisième, la *source Jouvence*, est la plus considérable ; son débit est de 7 litres par minute, elle possède les propriétés physiques des précédentes.

L'analyse de ces trois sources nous a donné les résultats suivants :

COMPOSITION RAPPORTÉE A 1 LITRE.

	Source Georget.	Source Galathée.	Source Jouvence.
Acide carbonique.	2ᵍ900	3ᵍ490	2ᵍ750
— sulfurique..	0.022	0.025	0.022
— silicique	0.025	0.030	0.030
Chlore	0.904	0.992	0.850
Potasse. . . . . } Soude . . . . }	1.036	1.120	1.020
Lithine.	traces.	traces.	traces.
Chaux	0.605	0.600	0.590
Magnésie	0.192	0.210	0.180
Protoxyde de fer	0.013	0.012	0.012
Matières organiques. . . .	traces.	traces.	traces.
Poids des combinaisons anhydres, les carbonates étant à l'état de carbonates neutres.	3.466	3.657	3.380

On peut représenter ainsi qu'il suit les combinaisons salines qu'ils forment :

	Source Georget.	Source Galathée.	Source Jouvence.
Acide carbonique libre. .	$1^{s}182$	$1^{s}717$	$1^{s}025$
Bicarbonate de soude . . ⎫ — potasse . ⎭	0.660	0.677	0.742
— chaux. . .	1.555	1.542	1.517
— magnésie .	0.614	0.672	0.576
— fer.	0.029	0.026	0.026
Sulfate de soude.	0.039	0.044	0.039
Chlorure de sodium. . . .	1.490	1.635	1.400
— lithium. . . .	traces.	traces.	traces.
Silice.	0.025	0.030	0.030
Matières organiques. . . .	traces.	traces.	traces.
Total, non compris l'acide carbonique libre.	4.412	4.626	4.330
Total, y compris l'acide carbonique libre.	5.594	6.343	5.355

Les eaux minérales de Sans-Souci, employées seulement comme boisson, nous paraissent devoir posséder des propriétés importantes, eu égard à leur minéralisation. La pratique et l'expérience en décideront ; mais ce qui est établi, c'est que la grande quantité d'acide carbonique libre qu'elles renferment en fait des eaux de table agréables, et d'un autre côté il faut remarquer la forte proportion de sel magnésien qu'elles contiennent : ce sont des eaux minérales laxatives. Si cette propriété restreint leur emploi comme eaux de table dans une certaine limite, elles deviennent des eaux de régime et, sous ce rapport, elles peuvent rendre de grands services.

MARAT

M. Nivet signale « deux petites fontaines minérales acidules, analogues à celle de Grandrif, jaillissant dans les
dépendances de cette commune. L'une d'elles se fait jour
près du hameau de Gripil ou Gripeil ; l'autre est au sud-est
d'Olliergues, sur la rive gauche du ruisseau du Got, dont elle
porte le nom. Elle est très-acidule et bouillonne entre deux
rochers (1). »

Les sources de *Gripil* et du *Got* sont peu fréquentées ; ce
sont des eaux carboniques dont nous n'avons point fait
l'analyse.

MARTRES-DE-VEYRE

La commune des Martres-de-Veyre possède de nombreuses
eaux minérales auxquelles une grande ligne de failles a
donné issue en formant également celles de Sainte-Marguerite, qui sont très-voisines et qui appartiennent à la
commune de Saint-Maurice.

Elles forment trois groupes principaux :

1° Les sources du *Tambour* et du *Cornet*, sur la rive
gauche de l'Allier, en amont et à quelques centaines de
mètres du pont de Longue ;

(1) Nivet. *Dictionnaire*, etc., p. 129. 1846.

2° Les sources du plateau Saint-Martial, situé à l'est du pont de Longue, sur la rive gauche de l'Allier. M. Nivet y a signalé, en 1846, deux sources minérales remplissant deux grands creux où elles se mêlent aux eaux pluviales. Elles n'étaient point employées alors; aujourd'hui elles ont en quelque sorte disparu et nous n'avons pas eu à nous en occuper;

3° Les sources du Saladi et des Roches, au nord-est du plateau Saint-Martial. Beaucoup ont disparu ou sont devenues insignifiantes depuis le travail de M. Nivet; par contre, de nouvelles ont été découvertes et nous avons eu à étudier les quatre suivantes : le *Saladi,* les sources *Tixier* et *Mirand*, et enfin une nouvelle source des *Roches*.

1° Source du Tambour.

Les arkoses qui bordent l'Allier sur sa rive gauche, au-dessus du pont de Longue, présentent des fissures qui à une époque géologique antérieure ont donné passage à des eaux minérales chaudes, car elles sont en partie comblées par des aragonites fibreuses. Actuellement, la petite source du Tambour ne fournit que quelques litres par minute d'une eau à la température de 22°2.

En sortant d'une fissure, l'eau se rassemble dans un creux que l'on a recouvert, et le courant d'acide carbonique qui la traverse produit un bruit que l'on compare au roulement du tambour, ce qui a donné le nom à la source.

Les abords sont recouverts d'un sédiment ocreux et d'une matière organique verte.

L'eau du Tambour est limpide, d'une saveur acidulé, puis

saline et ferrugineuse. L'analyse nous a donné les résultats suivants (1) :

COMPOSITION RAPPORTÉE A 1 LITRE.

Acide carbonique.	3ᵍ680	Acide carbonique libre. .	0ᵍ945
— sulfurique.	0.100	Bicarbonate de soude . . .	2.772
— silicique	0.104	— potasse . .	0.315
— arsénique.	traces.	— chaux. . .	0.992
Chlore.	1.375	— magnésie .	0.714
Potasse	0.148	— fer.	0.069
Soude	2.257	Sulfate de soude.	0.177
Lithine.	0.012	Chlorure de sodium. . . .	2.220
Chaux	0.386	— lithium. . . .	0.035
Magnésie	0.223	Arséniate de soude. . . .	traces.
Protoxyde de fer	0.031	Silice.	0.104
Matières organiques. . . .	traces.	Matières organiques . . .	traces.
Poids des combinaisons anhydres, les carbonates étant à l'état de carbonates neutres.	5.703	Total, non compris l'acide carbonique libre.	7.398
		Total, y compris l'acide carbonique libre . . .	8.343

Les eaux du Tambour sont connues depuis le commencement du xviiᵉ siècle, comme nous l'apprend Jean Banc. « Leur descouuerture est depuis moins de deux années en » ça, au bord de la dicte riuière (d'Alyer) souz vn rocher, à » l'oposite de Vicleconte, fort proche de la barque de Longe, » on appelle ce territoire Curran (Corent), qui est des » meilleurs et plus recommandez pour le rapport des bons » vins, qui soient en toute l'Auuergne. Il y a grande évidence » qu'elles n'ont jamais eu d'ancien employ comme les autres, » mais si sont elles de mesme goust et pareille propriété à » mon aduis, pour le moins les opérations qui suivent leur

(1) M. Finot a bien voulu nous prêter son concours pour l'analyse des eaux de Martres-de-Veyre, de Saint-Maurice et de plusieurs autres; nous saisissons cette occasion pour lui en témoigner notre reconnaissance.

» vsagè, sont elles toutes semblables, tant par le ventre que
» par les vrines.   :

» Il y a deux sources fort pauvres, la plus grande est
» admirable en sa descharge ; car elle vient par flux et reflux
» auec grand bruict, lequel cessant, on dirait qu'il n'y a
» comme point d'eau dans son bassin, qui est fort petit et
» de peu de capacité, par faute d'auoir un peu despendre
» pour l'adiencer : si les habitans y veulent vn peu appor-
» ter d'ayde, il y aura moyen de la rendre fort célèbre (1). »

Les eaux du Tambour sont en effet fréquentées par les
habitants des communes voisines ; mais l'état des lieux est
encore tel que l'a décrit Jean Banc. « Bues en petite quantité, dit M. Nivet, elles sont stimulantes et conviennent
aux personnes faibles et lymphatiques, à celles dont les
digestions sont lentes et pénibles, à celles qui sont atteintes
de chlorose et d'anémie, d'engorgement du foie ou de la
rate, de fièvres intermittentes rebelles, d'affections gout-
teuses ou calculeuses (2). »

Prises à haute dose, ajoute le savant docteur, elles sont
purgatives : cette propriété s'explique par la proportion de
magnésie que nous y avons trouvée.

2° Source du Cornet.

La source du Cornet sort d'une fissure du rocher à une
vingtaine de mètres du pont de Longue. Son nom lui vient
d'un tube en forme de cornet que l'on a fixé dans la roche,
pour obtenir un jet sous lequel on put mettre un verre ou
une bouteille.

(1) Jean Banc, p. 109, 1605.
(2) Nivet. *Dictionnaire*, etc., p. 133.

Les propriétés de l'eau minérale de cette seconde source sont les mêmes que celles du Tambour, et sa composition n'en diffère pas notablement, comme le montre l'analyse suivante : elle renferme pourtant une dose plus faible de bicarbonate de soude, une plus grande quantité d'acide carbonique libre et sa température n'est que de 15°2.

COMPOSITION RAPPORTÉE A 1 LITRE.

Acide carbonique	3^{g}970	Acide carbonique libre	1^{g}757
— sulfurique	0.092	Bicarbonate de soude	1.975
— silicique	0.100	— potasse	0.275
— arsénique	traces.	— chaux	1.144
Chlore	1.207	— magnésie	0.611
Potasse	0.177	— fer	0.055
Soude	1.812	Sulfate de soude	0.163
Lithine	0.012	Chlorure de sodium	1.944
Chaux	0.437	— lithium	0.035
Magnésie	0.191	Arséniate de soude	traces.
Protoxyde de fer	0.025	Silice	0.100
Matières organiques	traces.	Matières organiques	traces.
Poids des combinaisons anhydres, les carbonates étant à l'état de carbonates neutres	4.894	Total, non compris l'acide carbonique libre	6.302
		Total, y compris l'acide carbonique libre	8.059

3° Source du Saladi.

La source du Saladi jaillit sur un petit tertre qui porte ce nom et qui est assez rapproché du village des Martres ; c'est la seule qui ait quelque importance parmi les nombreux suintements qui existent encore dans cette partie de territoire et dont le sol est couvert de dépôts calcaires et de travertins.

Elle est recouverte d'une petite construction en maçonnerie, d'où elle s'échappe par deux tuyaux en fournissant de deux à trois litres par minute.

Sa température est de 24°8.

L'analyse a donné les résultats suivants :

COMPOSITION RAPPORTÉE A 1 LITRE.

Acide carbonique	3ᵍ350	Acide carbonique libre		1ᵍ009
— sulfurique	0.112	Bicarbonate de soude		2.461
— silicique	0.104	— potasse		0.227
— arsénique	traces.	— chaux		0.979
Chlore	1.396	— magnésie		0.777
Potasse	0.107	— fer		0.040
Soude	2.165	Sulfate de soude		0.199
Lithine	0.014	Chlorure de sodium		2.246
Chaux	0.381	— lithium		0.040
Magnésie	0.245	Arséniate de soude		traces.
Protoxyde de fer	0.018	Silice		0.112
Matières organiques	traces.	Matières organiques		traces.

Poids des combinaisons anhydres, les carbonates étant à l'état de carbonates neutres	5.505	Total, non compris l'acide carbonique libre	7.073
		Total, y compris l'acide carbonique libre	8.082

C'est une minéralisation analogue à celle des eaux du Tambour et du Cornet; nous signalerons en particulier la proportion du sel magnésien qui indique des propriétés laxatives, et une quantité de chlorure de lithium de 40 milligrammes qui dépasse un peu la plus forte dose que nous ayons rencontrée dans les eaux d'Auvergne, si on en excepte l'eau du Puy de la Poix qui est plutôt une eau mère qu'une eau minérale proprement dite. Nous retrouverons d'ailleurs cette quantité de sel de lithine dans les eaux de Sainte-Marguerite, très-voisines de celles des Martres.

L'eau du Saladi appartient à la commune des Martres.

4° Source Mirand.

Entre le Saladi et la rivière de l'Allier, des fouilles pratiquées tout récemment dans un champ, par M. Mirand, ont
mis au jour une source minérale traversée par de nombreuses bulles d'acide carbonique et dont l'eau se perd à quelque
distance dans les terres.

Sa température est de 16°.

L'analyse que nous avons faite de cette eau et qui nous
a donné les résultats suivants, montre la plus grande analogie avec les précédentes.

COMPOSITION RAPPORTÉE A 1 LITRE.

Acide carbonique.	3^{g}440	Acide carbonique libre. .	0^{g}700
— sulfurique	0.112	Bicarbonate de soude . . .	2.791
— silicique.	0.130	— potasse. . .	0.206
— arsénique.	traces.	— chaux . . .	1.059
Chlore.	1.260	— magnésie .	0.768
Potasse	0.097	— fer.	0.022
Soude	2.170	Sulfate de soude.	0.199
Lithine.	0.014	Chlorure de sodium. . . .	2.022
Chaux	0.412	— lithium. . . .	0.040
Magnésie.	0.240	Arséniate de soude	traces.
Protoxyde de fer. . . .	0.010	Silice.	0.130
Matières organiques. . . .	traces.	Matières organiques. . . .	traces.

Poids des combinaisons anhydres, les carbonates étant à l'état de carbo- nates neutres.	5.538	Total, non compris l'acide carbonique libre	7.237
		Total, y compris l'acide carbonique libre	7.937

5° Source Tixier.

A une centaine de mètres de la précédente et à une
pareille distance de l'Allier, M. Tixier ayant rencontré une
grosse pierre en forme de dalle lorsqu'il cultivait son champ,

en opéra l'extraction et vit jaillir aussitôt une source très-abondante. Un bouillonnement considérable produit par l'acide carbonique se manifesta aussitôt, et l'eau minérale se perdit dans les terres à peu de distance. Cette source, découverte ainsi il y a quelques mois, n'a pas diminué de volume et sa température reste constante à 16°9.

L'analyse nous a donné les chiffres suivants :

COMPOSITION RAPPORTÉE A 1 LITRE.

Acide carbonique.	3ᵍ400	Acide carbonique libre		0ᵍ712
— sulfurique	0.110	Bicarbonate de soude		2.710
— silicique	0.102	—	potasse	0.213
— arsénique.	traces.	—	chaux	1.049
Chlore.	1.280	—	magnésie	0.758
Potasse.	0.100	—	fer	0.022
Soude	2.155	Sulfate de soude.		0.195
Lithine.	0.014	Chlorure de sodium.		2.055
Chaux	0.408	—	lithium.	0.040
Magnésie	0.237	Arséniate de soude		traces.
Protoxyde de fer.	0.010	Silice.		0.102
Matières organiques	traces.	Matières organiques.		traces.
Poids des combinaisons anhydres, les carbonates étant à l'état de carbonates neutres.	5.487	Total, non compris l'acide carbonique libre.		7.144
		Total, y compris l'acide carbonique libre.		7.856

Ces résultats sont tout à fait comparables aux précédents. Signalons toutefois, pour les sources Mirand et Tixier, une moins grande proportion d'acide carbonique et de sel ferreux.

6° Source des Roches.

En 1846, M. Nivet signale, à la suite du plateau Saint-Martial et sur les bords de l'Allier, quelques fontaines minérales nommées sources de la *Font de Blé* et des *Roches*.

Cette dernière, d'une saveur « acidule et terreuse, était abondante et n'abandonnait aucun dépôt (1). » C'était une eau carbonique.

Toutes ces sources ont disparu par suite du déplacement du lit de l'Allier qui les a envahies. On nous a montré toutefois une source assez abondante sur le bord de la rivière, à trois cents mètres au dessus de l'endroit où se trouvait l'ancienne source des Roches et où l'Allier fait actuellement un coude très-prononcé. On lui a conservé le nom de source des Roches.

L'eau qu'elle fournit est limpide et d'une saveur aigrelette. Sa température est de 17°1.

L'analyse nous a donné les résultats suivants :

COMPOSITION RAPPORTÉE A 1 LITRE.

Acide carbonique	1g127	Acide carbonique libre	0g513
— sulfurique	0.050	Bicarbonate de soude	0.599
— silicique	0.070	— potasse	
Chlore	0.230	— chaux	0.347
Potasse	0.451	— magnésie	0.128
Soude		Sulfate de soude	0.089
Lithine	0.003	Chlorure de sodium	0.367
Chaux	0.135	— lithium	0.008
Magnésie	0.040	Silice	0.070
Matières organiques	traces.	Matières organiques	traces.

Poids des combinaisons anhydres, les carbonates étant à l'état de carbonates neutres 1.231

Total, non compris l'acide carbonique libre 1.608
Total, y compris l'acide carbonique libre 2.121

On voit que la nouvelle source des Roches diffère essen-

(1) Nivet, *Dictionnaire*, etc., p. 136. 1846.

tiellement de celles que nous venons de décrire ; elle est peu minéralisée et n'est point ferrugineuse. C'est une eau de table.

MONTCEL

Source de Laschamps.

Nous n'avons pas visité la source de Laschamps, dans la commune de Montcel, et nous empruntons à M. Nivet les renseignements suivants qui la concernent :

« Sur la route de Combronde à Saint-Pardoux, avant d'arriver au pont de la Morge, on trouve à gauche, au milieu du communal de Laschamps, une source minérale que traverse un dégagement d'acide carbonique. L'eau de cette source est limpide, mais sa surface est couverte d'une pellicule mince et blanchâtre. On ne voit autour du bassin aucun dépôt calcaire ou ferrugineux. La saveur de l'eau minérale de Laschamps est aigrelette, un peu alcaline et nullement ferrugineuse.

» Elle contient, par litre d'eau, trois grammes de sels composés principalement de bicarbonate de soude, d'un peu de bicarbonate de chaux, d'une quantité minime de sulfate de soude, de bicarbonate de magnésie et de silice ; elle renferme aussi des traces de sels de fer. Cette source est fréquentée par les paysans dont les digestions sont lentes et pénibles (1). » (Mosnier, médecin.)

(1) Nivet, *Dictionnaire*, etc., p. 145, 1846.

MONT-DORE-LES-BAINS

Les sources thermales du Mont-Dore (1), qui constituent l'une des stations les plus importantes de l'Auvergne, sont situées dans une belle vallée, au pied du pic de Sancy, le point culminant du plateau central.

Des pentes septentrionales de ce mont, élevé de 1,886 m. au-dessus du niveau de la mer, naissent deux petits cours d'eau, la Dor et la Dogne, qui se réunissent pour constituer la Dordogne, laquelle, grossie à chaque instant par les ruisseaux qui descendent des vallées secondaires, vient arroser la petite ville du Mont-Dore et, après s'être dirigée ainsi du nord au sud, dévie à l'ouest jusqu'à sa sortie du département.

Les sources minérales jaillissent à une altitude de 1,046 mètres. Cette grande élévation, par la raréfaction de l'air qui en résulte, contribue pour sa part à l'efficacité constatée du traitement des affections de l'appareil respiratoire.

L'ancienneté des thermes du Mont-Dore ne peut être mise en doute ; elle a été établie par Michel Bertrand, le créateur de la station actuelle. En effet, lorsqu'en 1817 et 1818 on entreprit les premiers travaux pour la reconstruction de l'établissement et le captage des sources, on décou-

(1) Quelques auteurs écrivent Mont-d'Or (*Mons aureus, gratus in aquis et fœcundus in herbis*). Ce sont Jean Banc, Chomel, Bertrand, Nivet. D'autres, avec Ramond et Lecoq, écrivent Mont-Dore ; c'est l'orthographe qui semble avoir prévalu.

vrit, outre de nombreux vestiges de constructions anciennes, trois piscines romaines, l'une entourée de gradins, la seconde en marbre blanc et la troisième remplie de tuiles et de chevrons calcinés (1).

D'autre part, Bertrand a comparé les dépôts formés pendant vingt ans par la source la plus abondante du Mont-Dore, aux dépôts trouvés en 1823 dans une ancienne piscine qui en était incrustée, et le savant inspecteur arriva à cette conclusion : « Qu'il ne s'est pas écoulé moins de quinze siècles entre l'abandon de la piscine et la création des bains romains (2). » Les thermes existaient par conséquent à l'époque gauloise.

Avant le commencement du xviie siècle, il n'est point question des thermes du Mont-Dore dans l'histoire d'Auvergne, à moins que, comme le pense Bertrand, ces eaux ne soient celles qui sont désignées sous le nom d'*Aquæ calidæ* dans les tables de Peutinger, et sous celui de *Calentes Baiæ* par Sidoine Apollinaire. Mais, en 1605, Jean Banc les trouve fréquentées, les décrit et constate leur ancienneté : « C'est
» merueille de la curiosité de l'antiquité romaine en la
» recherche des sources chaudes naturelles pour se bai-
» gner : car je ne m'estonnerais pas, si s'étant trouué en
» bon et agréable païs pour son habitation, et y rencontrant
» quelques sources chaudes, elle les a adjencées pour son
» plaisir et commodité : Mais je m'esmerueille comment
» elle a bien pris la patience de se porter en vn si rude,
» desplaisant et fascheux païs, tel que sont ces Monts-d'Or,

(1) Michel Bertrand. *Mémoire sur l'établissement thermal du Mont-d'Or.* Clermont-Ferrand, 1819.

(2) Michel Bertrand. *Note sur les antiquités découvertes au Mont-d'Or*, p. 8. Clermont-Ferrand, 1844.

» où il n'y a ordinairement chaque année que cinq ou six
» mois d'asseurée sortie: seulement pour avoir le contente-
» ment de l'vsage de ces sources chaudes : Les pierres
» toutes entières de leur Panthéon y sont esparses çà et là :
» le vieil lauoir de leurs anciens bains y paraist encores,
» les médailles de leur antiquité s'y rencontrent en plusieurs
» lieux, de sorte que quand ie n'aurais autre argument du
» mérite de ces sources que la muette recommandation que
» nous en laissent les ruynes de ceste antiquité, j'y croirais
» toujours plus de propriétez qu'en plusieurs autres de
» pareille condition. »

Jean Banc décrit ensuite les bains alors en usage : « La
» situation du bain, duquel on se sert, est iustement à l'ex-
» trémité de la descente de la montagne : La figure est
» différente de tout autre que j'aye veu ou leu ; car le bâti-
» ment en est tout rond, de la cappacité de trois ou quatre
» pas en diamètre au plus : il est tout couuert et va en
» poincte, de la hauteur presque de deux toises... A main
» gauche de l'entrée dudit bain, il y a vn certain lieu,
» duquel il sort de l'eau extrèmement froide... On s'en sert
» pour lauer la bouche étant dans le bain (1). »

Il y a en outre « une grosse source d'eau chaude, qui
» vient fort profondément de dessous terre et est retenue
» dans un creux tout rond, de circonférence de trois pieds
» et de profondeur d'environ deux pieds ou deux pieds et
» demy. C'est où ceux qui se baignent s'assoyent, et ayant
» fermé le canal de la sortie de l'eau, la laissent enleuer
» tant ou si peu qu'ils veulent sur eux.

» Outre ce bain, il y en a encore vn plus ancien à quelque

(1) Le bain décrit est le bain de César et la source froide la source
Sainte-Marguerite.

» distance de là, tirant vers l'Eglise ; le lauoir en est beau
» et bien fait, capable de tenir plusieurs personnes... Mais
» il est tout découvert et incommodé de maisons pour
» s'essuyer et reposer à propos : C'est pourquoi il est en
» ruine de présent (1). »

Au xvIIIe siècle, Chomel, Lemonnier, de Brieude ont
signalé successivement l'état des lieux. On trouvait alors au
Mont-Dore trois petits établissements :

1° Le *Petit-Bain* ou *Bain de César*. L'eau jaillissait à gros
bouillons du fond d'un bassin circulaire si étroit « qu'un
seul homme y était mal assis. »

2° Le *Grand-Bain*. Il était « de figure carrée oblongue, en
forme de salle voûtée sur laquelle on a pratiqué plusieurs
chambres. Un grand bassin quarré oblong, séparé en deux
par une seule pierre de la même élévation que les bords,
formait deux bains séparés par une cloison de bois (Chomel). »

3° Le *Bain des Chevaux*. « En descendant vers la Dordogne, à vingt toises du Grand-Bain, il y avait un bassin
presque carré où on faisait baigner les chevaux qui s'en
trouvaient bien (Chomel). »

Enfin il existait encore deux sources froides, la fontaine
de l'*Eglise* ou de la *Pantoufle* et la fontaine *Sainte-Marguerite*.

Au commencement de ce siècle, le nombre des sources
était le même ; voici d'après Bertrand quelle en était la
disposition :

1° Le *Bain de César* était renfermé dans un petit bâtiment
et reçu dans un bassin en pierre, si étroit qu'une seule

(1) Jean Banc, pages 131 et suiv. 1605.

personne pouvait y tenir et encore devait-elle être accroupie.
C'était encore la disposition ancienne. L'acide carbonique
émis par la source s'accumulait dans l'enceinte et menaçait
d'asphyxier le patient.

2° Les sources du *Grand-Bain* ou *Bain Saint-Jean* étaient
réunies dans une salle de 6 mètres de long sur 5 de large.
Un bassin rectangulaire, divisé en quatre compartiments
par des cloisons en planches, servait de piscine.

3° La source de la Madeleine prenait naissance au centre
du village; elle était à peine captée, sans clôture, sans
écoulement et à peu près inabordable.

Les deux premières appartenaient à des particuliers et la
troisième à l'Etat; mais depuis 1817 ces sources et celles
qu'on a découvertes par la suite sont la propriété du Département.

L'établissement actuel, en grande partie achevé en 1823,
a été construit par M. Ledru; Bertrand a dirigé l'aménage-
ment des eaux. Il consiste en deux bâtiments destinés, l'un
aux bains, l'autre aux vapeurs.

Le plus ancien, bâti en lave, au pied de la montagne de
l'Angle, est formé de trois étages utilisés pour le service
balnéaire.

Le rez-de-chaussée comprend : au centre, deux piscines
et trois grandes baignoires servant aux indigents et
alimentées par les sources Ramond et Rigny; de chaque
côté, d'autres piscines avec de vastes cabinets de douches,
desservis par la source César; sous la galerie formant
péristyle, deux buvettes alimentées par la source Bertrand,
et enfin, à droite et à gauche du péristyle, deux galeries

dites du Nord et du Midi, qui contiennent trente cabinets de bains munis de douches et qu'alimente également la source Bertrand.

Au premier étage se trouvent les bains de luxe donnés dans dix-huit cabinets très-spacieux, disposés autour de la *Grande Salle* et munis de douches descendantes ou ascendantes. C'est l'eau de César, plus ou moins refroidie par un mélange avec de l'eau de la source Sainte-Marguerite, qui dessert cette *Grande Salle*.

Le deuxième étage contient les bains Saint-Jean ou du Pavillon ; cinq cabinets sont alimentés directement par les griffons jaillissant de la montagne contre laquelle est appuyé l'établissement, et deux autres reçoivent l'eau de César.

Les bains chauds du Pavillon servent aussi à donner ces bains de pieds, institués par Bertrand, où l'acide carbonique joue un si grand rôle, et qui ont acquis une véritable renommée au Mont-Dore.

L'établissement consacré aux vapeurs a été récemment agrandi ; il comprend huit salles d'aspiration, deux salles de pulvérisation, vingt-deux cabinets de douches de vapeur et enfin deux cabinets de douches naso-pharyngiennes. C'est la vapeur forcée de l'eau de la source Bertrand qui alimente tout le service.

L'ensemble de la Station thermale est actuellement constitué par huit sources que nous allons successivement passer en revue.

1° Source Bertrand.

Cette source s'appelait naguère source de la *Madeleine*. En 1862, M. J. Lefort, après un grand et important travail sur les eaux du Mont-Dore, proposa de consacrer la mémoire de Michel Bertrand, à qui la station thermale doit toute sa prospérité, en donnant son nom à la principale source. Ce vœu a été accueilli par le Conseil général.

Avant 1823, époque de l'achèvement des travaux de l'établissement, la source jaillissait au milieu de la place du Panthéon ; on découvrit alors l'aqueduc romain qui l'y conduisait et, remontant à son origine qui est une faille de trachyte, on la rétablit sur le griffon principal. Elle est donc actuellement au rez-de-chaussée, à l'extrémité de la galerie du midi. On l'a enfermée dans un bassin carré taillé dans une lave de 1ᵐ 20 de hauteur; à la base existe une soupape d'argent massif, donnée par la duchesse de Berry, et qui permet soit de faire monter l'eau minérale aux buvettes, soit de la conduire dans un vaste réservoir destiné aux bains des galeries du Nord et du Midi.

La température de la source Bertrand, la plus chaude de la station, est de 45°; son débit, 100 litres par minute.

2° Source Boyer.

La source Boyer, qui se trouve à 2 mètres de l'hôtel de ce nom et à 15 mètres de l'établissement, a été découverte en 1833. Ce n'est qu'une dépendance de la source Bertrand, bien que les deux griffons soient distants de 20 mètres, car lorsqu'on élève le niveau de cette dernière, on augmente le volume de l'autre et réciproquement. Nous avons du reste trouvé une analogie complète dans la composition.

Sa température est de 43°, et son débit 20 litres par minute.

Elle est utilisée pour l'exportation et le service des bains de pieds pour les femmes.

3° Source Pigeon.

Cette source, découverte en 1876 par l'ingénieur Pigeon,
est voisine de la précédente. Comme elle, et pour les mêmes
raisons, on doit la considérer comme une dépendance de la
source Bertrand. Elle fournit 45 litres par minute d'une eau
à 38 degrés.

4° Sources du Pavillon ou de Saint-Jean.

Nous avons dit que les sources du Pavillon alimentaient
directement cinq cabinets ou piscines. Les numéros 1 et 3
fournissent de l'eau à 44°, les numéros 2, 4 et 5 ont une température de 42°5; l'ensemble donne 38 litres par minute.

5° Source de César.

La source de César, située derrière l'établissement thermal qu'elle domine, sort de la montagne de l'Angle en produisant un bruit sourd dû au dégagement d'une grande
quantité d'acide carbonique. Elle est renfermée dans un
pavillon voûté en forme d'hémicycle, d'origine romaine,
d'où elle s'échappe pour alimenter deux vastes réservoirs à
l'usage des bains de la grande salle.

Sa température est, d'après M. J. Lefort, de 43°1.

En 1821, pendant qu'on travaillait à restaurer le puits
qui contient la source César, on découvrit tout à côté une
source aussi chaude et plus abondante. On lui a donné le
nom de source *Caroline*; mais comme ce n'était qu'une
dépendance de la même nappe, on réunit les deux sources
dans le même bassin. Elles fournissent ensemble 84 litres
par minute.

6° Source Ramond.

7° Source Rigny.

Pendant qu'on creusait les fondements de l'établissement thermal, on découvrit à 8 ou 9 mètres de distance l'une de l'autre deux sources qui avaient été connues des Romains. On leur a donné les noms de source Ramond et de source Rigny, en souvenir des deux préfets qui administraient le département en 1806 et en 1817.

La première a une température de 42°4 et donne 13 litres à la minute; la seconde indique 43°2 et fournit 12 litres à la minute.

8° Source Sainte-Marguerite.

Cette dernière source ne ressemble en rien aux précédentes : elle a une température de 10°5 et c'est une eau carbonique.

Elle prend naissance à 20 mètres au-dessus de la source César et fournissait 20 litres par minute ; mais ce débit a de beaucoup diminué à la suite de nouveaux travaux de captage qui ont eu de plus pour résultat de supprimer presque complètement une seconde source voisine et analogue par ses propriétés ; c'est la source du *Tambour*, ainsi appelée à cause du bruit qu'elle produisait en jaillissant.

L'eau de la source Sainte-Marguerite est très-limpide, gazeuse; sa saveur est acidule, et elle est très-peu minéralisée.

Nous l'avons analysée, de concert avec M. Finot, en 1876

et nous avons obtenu les résultats suivants, qui se rapprochent beaucoup de ceux trouvés par M. J. Lefort en 1862 et dont nous n'avions pas alors connaissance :

COMPOSITION RAPPORTÉE A 1 LITRE.

Acide carbonique.	1ᵍ400	Acide carbonique libre . .	1ᵍ355
— sulfurique.	traces.	Bicarbonate de soude. . ⎫	0.027
— silicique.	0.040	— potasse.. ⎭	
Chlore.	0.003	— chaux. . .	0.023
Potasse . . . . ⎫	0.010	— magnésie .	0.025
Soude . . . . ⎭		— fer	traces.
Chaux.	0.009	Sulfate de soude.	traces.
Magnésie	0.008	Chlorure de sodium. . . .	0.005
Protoxyde de fer.	traces.	Silice	0.040
Matières organiques. . . .	traces.	Matières organiques . . .	traces.
Poids des combinaisons anhydres, les carbonates étant à l'état de carbonates neutres	0.098	Total, non compris l'acide carbonique libre	0.120
		Total , y compris l'acide carbonique libre	1.475

Nous avons dit que l'eau de la source Sainte-Marguerite était employée pour refroidir les bains de la grande salle ; elle est aussi utilisée comme eau de table.

Les eaux minérales du Mont-Dore n'ont été l'objet d'aucun travail analytique important avant Bertrand. Ce savant praticien, en même temps que chimiste habile, analysa en 1810 les sources de la Madeleine (source Bertrand) et du Pavillon. Berthier établit en 1821 la composition de l'eau de la source de César.

En 1848, MM. Chevalier et Gobley signalèrent la présence de l'arsenic dans l'eau de la Madeleine, résultat important qui fut confirmé, en 1852, par M. P. Bertrand, lequel obtint de même l'arsenic en opérant sur les dépôts ferrugineux de la source. Mais il y avait plus à faire encore et l'année suivante, en 1853, Thénard détermina la proportion du précieux métalloïde. En opérant sur 38 litres et un quart d'eau de la même source, l'illustre chimiste obtint 0^g0172 d'arsenic, soit par litre 0^g00045, ce qui correspond à 0^g001 d'arséniate neutre de soude.

En 1856, M. E. Gonod constata la présence de l'iode dans les dépôts ferrugineux des sources César et de la Madeleine.

En 1862, M. J. Lefort entreprit un remarquable travail d'ensemble sur les eaux du Mont-Dore, et nous aurons donné une idée précise de leur composition en reproduisant les analyses de ce savant à qui l'hydrologie doit tant et de si intéressantes déterminations.

Voici les résultats obtenus par M. J. Lefort :

	Source Bertrand.	Source du Pavillon nº 3.	Source Rigny.	Source César.	Source Ramond.
Acide carbonique	1^g0023	1^g0303	1^g0135	1^g2482	1^g1194
— chlorhydrique.	0.2286	0.2252	0.2233	0.2226	0.2217
— iodhydrique.	traces.	traces.	traces.	traces.	traces.
— fluorhydrique.					
— sulfurique.	0.0439	0.0439	0.0422	0.0425	0.0414
— arsénique	0.0006	0.0006	0.0006	0.0006	0.0006
— silicique.	0.1654	0.1686	0.1653	0.1552	0.1550
— borique	traces.	traces.	traces.	traces.	traces.
Soude.	0.4517	0.4502	0.4473	0.4494	0.4441
Potasse.	0.0161	0.0160	0.0125	0.0117	0.0111
Rubidium.					
Cœsium.	indices	indices	indices	indices	indices
Lithine.					
Chaux	0.1279	0.1243	0.1215	0.1195	0.1069
Magnésie.	0.0561	0.0535	0.0519	0.0533	0.0536
Alumine	0.0112	0.0094	0.0101	0.0085	0.0065
Protoxyde de fer.	0.0092	0.0105	0.0111	0.0115	0.0141
Manganèse.	indices	indices	indices	indices	indices
Matière organique.	traces.	traces.	traces.	traces.	traces.

Ces chiffres peuvent représenter les combinaisons suivantes :

	Source Bertrand.	Source du Pavillon no 3.	Source Rigny.	Source César.	Source Ramond.
Acide carbonique libre. . .	0^g3522	0^g3810	0^g3644	0^g5967	0^g4997
Bicarbonate de soude	0.5362	0.5432	0.5375	0.5361	0.5362
— potasse. . . .	0.0309	0.0309	0.0232	0.0212	0.0212
— rubidium. . .					
— cœsium . . .	indices	indices	indices	indices	indices
— lithine. . . .					
— chaux	0.3423	0.3142	0.3092	0.3209	0.2720
— magnésie. . .	0.1757	0.1676	0.1628	0.1676	0.1647
— fer.	0.0207	0.0235	0.0250	0.0258	0.0317
— manganèse. .	traces.	traces.	traces.	traces.	traces.
Chlorure de sodium.	0.3685	0.3630	0.3599	0.3587	0.3578
Sulfate de soude.	0.0661	0.0761	0.0751	0.0756	0.0737
Arséniate de soude	0.0009	0.0009	0.0009	0.0009	0.0009
Borate de soude.					
Iodure et fluorure de sodium.	traces.	traces.	traces.	traces.	traces.
Silice.	0.1654	0.1686	0.1653	0.1552	0.1550
Alumine	0.0112	0.0094	0.0101	0.0083	0.0065
Matière organique.	traces.	traces.	traces.	traces.	traces.
	2.0801	2.0777	3.0354	2.2673	2.1194

Nous avons trouvé nous-même 8 milligrammes de chlorure de lithium dans un litre de chacune de ces eaux.

En 1875, M. Finot s'est livré, au sujet de la composition de l'eau de la source Bertrand, à une série de recherches intéressantes (1) dont voici les principaux résultats :

L'iode a été cherché en vain dans les dépôts, mais il a été trouvé dans l'eau de la source, ainsi que le brome et l'acide phosphorique.

(1) Publiées par M. le docteur Joal. *Essais médicaux sur le Mont-Dore*, page 23. Paris, 1875.

Les dépôts ont présenté la composition suivante :

Acide phosphorique.	0^{g}256
Arsenic.	1.686
Silice.	19.312
Carbonate de chaux.	18.851
— magnésie	1.154
Alumine . . . . }	
Oxyde de fer. . . . . }	41.500
Eau et matière organique.	17.251

Les vapeurs hydro-minérales, qui ont tant contribué à la réputation médicale du Mont-Dore depuis que Bertrand y eut créé en 1832 la première salle d'aspiration, ont été aussi l'objet de travaux analytiques. On a dû se demander, en effet, si ces vapeurs contiennent les principes minéralisateurs de l'eau.

Dès 1834, MM. Aubergier et P. Bertrand répondirent affirmativement; plus tard, Thénard y rencontre l'arsenic qu'il avait dosé dans l'eau elle-même, et M. J. Lefort, opérant sur 12 litres d'eau obtenue par la condensation de la vapeur, constata de nouveau la présence de l'arsenic et celle des principales matières salines que renferme l'eau des sources.

Nous n'essayerons pas de résumer ici les nombreux travaux que, depuis Bertrand, les praticiens ont produits sur l'action thérapeutique des eaux du Mont-Dore ; ce serait sortir de notre cadre. Toutefois, pour donner une idée générale de l'importance de la station, nous reproduisons les quelques lignes suivantes, extraites d'un intéressant ouvrage où M. le docteur Boucomont étudie et compare les principales stations thermales d'Auvergne :

« Les affections plus spécialement tributaires des eaux du Mont-Dore sont :

» 1º Les altérations des voies respiratoires ;

» 2º Les affections de nature rhumatismale.

» La première classe, de beaucoup la plus importante, comprend toutes les inflammations chroniques de la muqueuse respiratoire. Nous y trouvons notamment le coryza chronique, inflammation à marche lente de la membrane pituitaire, avec ou sans ulcération ; le coryza humide, avec écoulement d'un liquide muqueux ou purulent, et le coryza à forme sèche, plus rebelle encore à tout autre traitement.

» L'angine chronique, angine granuleuse de Chomel, ou glanduleuse de Guéneau de Mussy, se trouve bien des douches pulvérisées du Mont-Dore. Sous l'influence de la médication thermale, les symptômes prennent d'abord un caractère plus aigu qui se révèle par de la douleur au moment de la déglutition, par de la rougeur, de la tuméfaction plus prononcée des parties atteintes. C'est à l'action excitante des eaux sur la muqueuse, inflammation substitutive, qu'est due l'action sédative qui la suit de près ; action locale qui, au dire de MM. Boudant et Mascarel, irait jusqu'à amener la résolution plus ou moins complète de l'hypertrophie amygdalienne.

» Parmi les inflammations chroniques du larynx tributaires du Mont-Dore, la laryngite glanduleuse qui s'accompagne de pharyngite est une des formes qui offrent le plus de prise à la méthode thermale. Sous l'influence du traitement, les différents symptômes s'amendent peu à peu. « La voix qui était voilée, rauque, inégale, dit le docteur

» Joal, reprend son caractère normal, la toux disparaît
» ainsi que le *hem* matinal, la respiration devient libre et
» les crachats peletonnés ou déchiquetés de plus en plus
» rares. »

» La chronicité si connue des diverses affections du
larynx nécessite l'intervention directe des poussières minérales portées sur la muqueuse à l'aide d'appareils pulvéri-
sateurs.

» Le docteur Joal a mis en honneur dans cette station un
appareil fort ingénieux de son invention qui est maintenant
adopté par plusieurs de ses confrères.

» Mais à côté des douches pulvérisées, la dérivation puis-
sante qu'on obtient au Mont-Dore à l'aide de ses courants
d'eau minérale à 43°, que l'on nomme bains de pieds, entre
pour beaucoup dans le traitement des phlegmasies pulmonaires. Ces pédiluves, en effet, diminuent d'un côté l'état de
congestion permanente où se trouvent les muqueuses, et
combattent d'un autre l'effet congestif inséparable de la
haute thermalité des salles d'aspiration et des bains de cette
station. Aussi les malades en appréciant les bons effets en
font-ils un fréquent usage.

» La bronchite chronique et le catarrhe pulmonaire sont
certainement les deux affections dans lesquelles le traitement
mont-dorien a le plus de succès..... et l'asthme est celle qui
a le plus contribué à la réputation de ces thermes.

» Les plus vieilles traditions du Mont-Dore reposent sur
leur action dans la phthisie. Saint Sidoine-Apollinaire
appelait ces eaux *phthisiscentibus medicabiles*. Brieude écri-
vait que les phthisies pulmonaires avaient fait de tout temps
la célébrité des eaux du Mont-Dore. Michel Bertrand, l'il-

lustre fondateur de ces thermes, pensait que bien des gens devaient à leur saison du Mont-Doré d'avoir échappé à cette terrible affection. Enfin, tous les médecins qui depuis se sont occupés de ces eaux ont été unanimes à proclamer leur valeur.

» Les observations nombreuses consignées dans le récent ouvrage de M. le docteur Boudant, les recherches sur l'action du Mont-Dore du docteur Mascarel, les communications faites au congrès scientifique de Clermont par le docteur Lassalas, les observations recueillies et publiées par les docteurs Chabory, Gazalès, Alvin, Joal et autres tendent à démontrer, ainsi que l'a consigné le docteur Richelot dans ses nombreux mémoires, que si les eaux du Mont-Dore sont impuissantes dans certaines formes et à certains degrés de la phthisie, elles sont utiles, efficaces même dans un grand nombre de cas.

« La cure du Mont-Dore, dit le docteur Joal, favorise la
» résorption des noyaux de pneumonie chronique qui entou-
» rent les foyers tuberculeux ou les cavernes, elle décon-
» gestionne l'organe pulmonaire, soit par une action spé-
» ciale des eaux, soit par le contact direct des vapeurs sur
» le poumon. »

» Quoi qu'il en soit, et dans les cas les moins heureux, en activant la nutrition générale, en faisant disparaître l'état fluxionnaire du poumon, le traitement thermal du Mont-Dore ralentit la marche de la phthisie et suspend pour un temps plus ou moins long l'évolution du processus morbide (1). »

(1) Docteur Boucomont. *Les Eaux minérales d'Auvergne*, 1878.

MONTPENSIER

Nous avons signalé la *Fontaine empoisonnée* à l'article Aigueperse (1), parce que cette source d'acide carbonique, bien que située sur le territoire de la commune de Montpensier, est plus connue sous le nom de Fontaine empoisonnée d'Aigueperse.

NÉBOUZAT

1° Source de la Gorce.

A un kilomètre et demi au sud-ouest de Nébouzat, et près du moulin de la Gorce, se trouve une petite fontaine minérale assez fréquentée et qui sort du gneiss.

Elle fournit par minute de 6 à 8 litres d'une eau limpide, acidule et ferrugineuse.

L'analyse que nous en avons faite nous a donné les résultats suivants :

(1) Voir page 10.

COMPOSITION RAPPORTÉE A 1 LITRE.

Acide carbonique.	1ᵍ812	Acide carbonique libre. . .	0ᵍ580
— sulfurique.	traces.	Bicarbonate de soude. . ⎫	
— silicique.	0.040	— potasse. ⎬	0.783
— phosphorique . . .	traces.	— chaux. . . ⎭	0.681
Chlore.	0.012	— magnésie.	0.570
Potasse . . . . ⎫	0.299	— fer	0.026
Soude . . . . ⎭		Sulfate de soude.	traces.
Chaux.	0.265	Phosphate de soude. . . .	traces.
Magnésie.	0.178	Chlorure de sodium. . . .	0.020
Protoxyde de fer. . . .	0.012	Silice	0.040
Matières organiques. . .	traces.	Matières organiques. . . .	traces.
Poids des combinaisons anhydres, les carbonates étant à l'état de carbonates neutres.	1.418	Total, non compris l'acide carbonique libre	2.120
		Total, y compris l'acide carbonique libre.	2.700

On reconnait à l'inspection de ces chiffres une eau peu minéralisée, mais qui renferme cependant, avec des bicarbonates alcalins et terreux, de l'acide carbonique et du sel martial qui lui assignent des propriétés précieuses.

Elle a été conseillée dans l'anémie et la chlorose, et les habitants des environs lui attribuent bien d'autres vertus.

2° Sources de Las Aiguas.

En remontant le ruisseau, on rencontre le hameau de *Las Aiguas,* au milieu duquel vient sourdre une autre source.

Elle est presque toujours submergée et nous n'avons pu nous procurer de l'eau sans mélange pour en faire l'analyse.

NOHANENT

Source Font-Salade.

A deux kilomètres à l'ouest du village de Nohanent, non loin du grand tunnel de la voie ferrée de Clermont à Tulle, on rencontre un ravin boisé au fond duquel coule un petit ruisseau.

Si l'on remonte ce ravin d'environ trois cents mètres à partir du chemin de fer, on aperçoit sur la rive droite du ruisseau, qui forme en cet endroit de nombreuses et jolies cascades, une source minérale intéressante jaillissant des fentes du granite et donnant environ 5 litres par minute. On lui a donné le nom de Font-Salade (fontaine salée) comme à beaucoup de sources du département.

Tout autour existent des suintements ferrugineux et, à quelques pas en arrière, à cinq ou six mètres du ruisseau, sort un petit filet qui pourrait bien avoir été la source principale, en partie obstruée maintenant par des incrustations : un énorme bloc de travertins se trouve en effet à proximité, entre le ruisseau et la source qui le recouvre encore en continuant à l'accroître. Les eaux ont d'ailleurs la même composition et leur température est de 11°2.

L'eau de la source Font-Salade est très-limpide, gazeuse et d'une saveur saline assez prononcée.

L'analyse nous a donné les résultats suivants :

COMPOSITION RAPPORTÉE A 1 LITRE.

Acide carbonique.	2g520	Acide carbonique libre . .	0g690	
— sulfurique	traces.	Bicarbonate de soude . . }		
— silicique	0.110	— potasse . }	0.353	
— phosphorique. . . .	traces.	— chaux. . .	1.928	
— arsénique.	traces.	— magnésie .	0.659	
Chlore	1.330	— fer	0.026	
Potasse. . . . . }		Sulfate de soude	traces.	
Soude. . . . . }	1.262	Phosphate de soude. . . .	traces.	
Lithine	0.005	Chlorure de sodium . . .	2.174	
Chaux.	0.750	— lithium . . .	0.014	
Magnésie	0.206	Arséniate de soude	traces.	
Protoxyde de fer	0.012	Silice	0.110	
Matières organiques . . .	traces.	Matières organiques . . .	traces.	
Poids des combinaisons anhydres, les carbonates étant à l'état de carbonates neutres	4.305	Total, non compris l'acide carbonique libre . . . . Total, y compris l'acide carbonique libre	5.264 5.954	

Cette composition est remarquable en ce qu'elle indique une minéralisation élevée et une prédominance marquée du chlorure de sodium et du bicarbonate de chaux. Nul doute que la source de Nohanent ne soit incrustante.

NONETTE

On rencontre sur les pentes septentrionales de la montagne de Nonette et surtout auprès du hameau d'Entraigues, au nord du village et non loin de l'Allier, un grand nombre de suintements produits par des eaux minérales calcaires qui ont déposé des travertins et des incrustations. Des fouilles permettraient sans doute de réunir plusieurs filets et d'obtenir une ou plusieurs sources qui donneraient une eau incrustante.

OLLIERGUES

Une petite source minérale acidule et ferrugineuse existe sur la commune d'Olliergues, à Chabrier-le-Bas, dans une prairie, sur la rive droite du ruisseau de Ripote (Nivet). C'est une eau carbonique dont nous n'avons point fait l'analyse.

PROMPSAT

A côté du village de Prompsat, sur le bord du chemin de Gimeaux et sur la rive droite du ruisseau, on rencontre une petite source minérale à la température de 22°5. Elle possède toutes les propriétés de l'eau de la source *du Ruisseau* (1) à Gimeaux, dont elle n'est éloignée que de quelques centaines de mètres, et quelques déterminations analytiques nous ont montré qu'elle doit avoir la même composition.

PUY-GUILLAUME

A une faible distance au nord de Puy-Guillaume, sur le bord du ruisseau de Credogne et non loin de la Dore, existe une petite source minérale froide sortant des terrains d'alluvion. Elle est très-peu abondante et si souvent envahie par les eaux du ruisseau, que nous n'avons pu nous en procurer de pure pour l'analyse. Elle n'est pas fréquentée.

(1) Voir page 172.

ROCHEFORT

Plusieurs sources minérales d'ailleurs peu importantes sourdent aux environs de la ville de Rochefort. Nous avons distingué les deux suivantes :

1° Source du Vieux Pont chez Verdier.

A 800 mètres de Rochefort, à côté d'un moulin dit du Vieux-Pont chez Verdier, près du domaine de Bons-Parents, se trouve une source froide, acidule, peu abondante et assez fréquentée.

L'analyse suivante que nous en avons faite montre que, c'est une eau carbonique ferrugineuse :

COMPOSITION RAPPORTÉE A 1 LITRE.

Acide carbonique.....	0g816	Acide carbonique libre.. 0g680
— sulfurique......	traces.	Bicarbonate de soude.. } 0.175
— silicique.......	0.060	potasse. }
Chlore...........	0.012	chaux... 0.025
Potasse........ }	0.074	magnésie. traces.
Soude......... }		fer..... 0.053
Lithine...........	traces.	Sulfate de soude...... traces.
Chaux..........	0.010	Chlorure de sodium.... 0.020
Magnésie.........	traces.	— lithium.... traces.
Protoxyde de fer....	0.024	Silice........... 0.060
Matières organiques....	traces.	Matières organiques.... traces.
Poids des combinaisons anhydres, les carbonates étant à l'état de carbonates neutres	0.250	Total, non compris l'acide carbonique libre..... 0.265 Total, y compris l'acide carbonique libre 0.945

2° Source Font-Salade.

La source Font-Salade, assez mal nommée puisque, étant très-peu minéralisée, elle n'a pas de saveur salée, se trouve dans le bois des Chausses.

Comme la précédente, c'est une eau froide, acidule, ferrugineuse.

L'analyse nous a donné la composition suivante :

COMPOSITION RAPPORTÉE A 1 LITRE.

Acide carbonique.	0ᵍ795	Acide carbonique libre. .	0ᵍ650
— sulfurique.	traces.	Bicarbonate de soude . . }	0.195
— silicique	0.075	— potasse . }	
Chlore.	0.010	— chaux. . .	0.031
Potasse . . . . }	0.080	— magnésie .	traces.
Soude . . . . }		— fer.	0.044
Lithine.	traces.	Sulfate de soude.	traces.
Chaux.	0.012	Chlorure de sodium. . . .	0.016
Magnésie	traces.	— lithium. . . .	traces.
Protoxyde de fer. . . .	0.020	Silice	0.075
Matières organiques . . .	traces.	Matières organiques . . .	traces.
Poids des combinaisons anhydres, les carbonates étant à l'état de carbonates neutres.	0.270	Total, non compris l'acide carbonique libre.	0.293
		Total, y compris l'acide carbonique libre.	0.943

ROYAT [1]

L'ensemble des sources qui constituent la station thermale de Royat, l'une des plus importantes d'Auvergne, se trouve à deux kilomètres seulement de Clermont, sur les deux rives

[1] Nous décrivons ici des sources qui, bien que situées sur la commune de Chamalières, font partie du groupe des Eaux de Royat. (Voir page 56.)

du ruisseau de Tiretaine ou Scatéon, à l'entrée d'une riche et pittoresque vallée que l'on a nommée la Tempé française.

Les auteurs anciens, Belleforest (1276), Jean Banc (1605), Fléchier (1665), Chomel (1734), nous apprennent qu'à une époque très-reculée il existait à Saint-Mart des établissements de bains. « Qui ne voit à Sainct-Mart, dit Jean Banc, près des Chamalières, vne infinité de telles sources froides et chaudes, voyre des bains encore adjencez par l'antiquité, qui en cette vieillesse et caducité sont altérez de leur force et vertu? La négligence des voysins du lieu y ayant laissé mesler des sources froides et douces.

» Encore depuis peu d'années, comme la négligence de l'antiquité avait laissé gaster plusieurs admirables sources, notre postérité en sa trop grande curiosité en a gasté vne froide et calcanteuse et ferrugineuse au mesme territoire de Chamalières. Car l'ayant voulu accroître pour rendre le canal plus spacieux et capable, quelques sources froides s'y sont occurremment meslées qui n'en ont jamais peu être séparées depuis. Et auparavant cela, ceste fontaine rendait des succès aux maladies tous pareils à celles de Pougues et de Sainct-Myon (1). »

Plus tard, ces eaux étaient même tombées dans l'oubli, lorsqu'en 1793 on reconstruisit l'établissement de Saint-Mart et en 1832 le Bain de César. Le premier ne dura que jusqu'en 1835, époque où il fut détruit par une inondation.

En 1843, on remarqua, en procédant à des travaux pour détourner le chemin de Royat, que la neige fondait rapidement à certains endroits d'ailleurs imprégnés de suintements ferrugineux. On crut à l'existence d'une source chaude, et

(1) Jean Banc, p. 13. 1605.

on ne se trompait pas. Les habitants de Royat, encouragés par l'abbé Védrine, leur curé, et M. Thibaud, leur maire, dirigés par M. Zani, fontainier de Clermont, découvrirent le 22 février de la même année plusieurs sources minérales voisines, dont l'une donnait une eau abondante à la température de 34°. On se trouvait sur l'emplacement d'anciens bains, à en juger par les restes de piscines et de conduites que l'on mit au jour.

Les fouilles continuèrent ; on disposait de 280 litres d'eau par minute, et on put installer une piscine, des cabinets de bains et une buvette : Royat devenait un établissement thermal.

En 1850, M. Nivet, médecin inspecteur à Royat, assurait qu'en pratiquant de nouvelles fouilles on pourrait encore augmenter le débit : ses prévisions ont été justifiées, car en 1853, M. Buchetti ayant enlevé des travertins qui gênaient la sortie de l'eau, on vit jaillir une masse énorme d'eau minérale bouillonnant par le dégagement de l'acide carbonique.

Telle est l'origine de la source Eugénie.

Nous ne saurions mieux faire que d'emprunter à M. le docteur Boucomont, médecin consultant à Royat, la description de l'établissement actuel :

« L'Etablissement thermal de Royat, construit en 1854 sur les plans de M. Agis Ledru, profile sur le parc sa façade de 80 mètres de longueur. L'entrée de ce bâtiment, formée par trois grandes ouvertures en plein cintre que supportent des colonnes ioniennes en lave de Volvic, lui donne un caractère monumental. Quatre statues placées sur leurs chapiteaux complètent cette décoration légère et gracieuse.

» Un large vestibule, éclairé par des ouvertures qui élèvent au-dessus des portes leurs cintres élancés, donne accès aux diverses sections du service balnéaire.

» A droite et à gauche s'étendent deux galeries claires élevées, sur lesquelles s'ouvrent 48 cabinets de bains prenant jour sur la façade à l'aide d'ouvertures qui suivent les arêtes de leur voûte ; à leur extrémité se trouve le service des douches pulvérisées, et celui des bains et douches d'acide carbonique.

» La grande salle d'entrée où se trouve l'administration, élevée d'une marche au-dessus du sol des galeries, en rend facile la surveillance. C'est là qu'aboutissent les différents services de l'établissement. Des deux côtés du bureau se trouvent les salles d'aspiration, et tandis qu'à gauche un escalier conduit les malades à l'hydrothérapie, un pareil à droite les conduit au service des grandes douches et des piscines.

» Le service balnéaire de Royat est des plus complets : si de grandes douches chaudes ne se trouvent pas dans les cabinets de bains comme au Mont-Dore, à Saint-Nectaire ou à la Bourboule, c'est qu'à Royat nous avons rarement l'occasion de faire appel aux hautes températures ; des douches locales alimentées par le griffon de la grande source fournissent un courant suffisant pour nos malades. L'acide carbonique entraîné par cette eau lui donne une activité qui remplace avantageusement l'excitation du calorique.

» Un service spécial de grandes douches chaudes est du reste installé dans une galerie inférieure. Une pression plus forte, une température plus élevée répondent là aux indications que fournissent certaines affections et certains sujets.

» Dans les salles d'aspiration de Royat on s'est efforcé, comme pour les bains, d'éviter la congestion produite par les températures élevées. L'observation nous a souvent démontré que les salles d'inhalation les moins chaudes étaient les plus efficaces; aussi, grâce à des cheminées d'appel qui portent à la voûte la vapeur sortant du générateur et à un courant d'air établi autour de cette cheminée et lui servant de manchon réfrigérent, nous arrivons à maintenir dans nos salles une température n'excédant pas 26 à 27°.

» Après chaque séance d'inhalation, le service est transporté dans une autre salle. La première est ouverte, ventilée, assainie, et c'est une heure après, quand à l'aide d'arrosage elle se trouve parfaitement rafraîchie, qu'elle reçoit de nouveau des malades. — Aussi ne voyons-nous jamais aucun accident congestif ou hémorrhagique survenir même chez les sujets qui y sont le plus prédisposés.

» La piscine de Royat mérite également d'être mentionnée. Elle présente une magnifique nappe d'eau qui, à l'aide d'une inclinaison régulière du sol, permet à la jeunesse de tout âge d'y venir s'ébattre, jouer, nager à loisir. La température de cette grande piscine, par suite d'une alimentation moins vive que celle des baignoires, ne dépasse pas 31 à 32°; mais l'exercice rend ce bain fort agréable et ne fait jamais désirer au nageur une eau plus chaude.

» Une nouvelle galerie de bains a été ouverte, l'an passé, le long du bâtiment qui abrite la piscine. Etablis avec plus de luxe que les anciens, ces nouveaux cabinets sont tous précédés d'un vestiaire; les baignoires en fonte émaillée reçoivent l'eau minérale par le fond. Ce mode d'alimentation et la puissance que donne aux douches locales une plus forte pression les font rechercher dans plusieurs cas.

» L'hydrothérapie est l'adjuvant le plus naturel des eaux de Royat dans le traitement des affections chloro-anémiques; aussi un grand nombre de malades ont-ils, chaque saison, recours aux douches froides. Leur installation provisoire établie, il y a vingt ans, par M. Allard, est toujours la même; si elle est encore suffisante au point de vue pratique, elle se trouve maintenant si peu en harmonie avec les autres services de Royat qu'on va la remplacer, cette année, par un autre établissement où les appareils hydrothérapiques les plus nouveaux seront installés avec tout le confort moderne (1). »

Les sources que l'on rencontre à Royat sont actuellement au nombre de six; quatre sont réunies entre les mains d'une grande Compagnie et alimentent l'établissement, les deux autres appartiennent à des particuliers.

1° Source Eugénie.

La grande source Eugénie est une des plus belles du monde! Un jet énorme s'élance du sol en bouillonnant et y déverse mille litres par minute. Limpide, gazeuse, inodore, cette eau est, grâce à sa température, la mieux supportée par quelques estomacs malades. Son abondance, sa richesse minérale et surtout sa température la rendent incomparable pour l'usage balnéaire. Non-seulement elle alimente, à elle seule, 85 baignoires, mais encore elle permet d'entretenir dans chacune d'elles un courant continu d'eau minérale qui y maintient une température toujours égale (34 centigrades).

(1) Boucomont. *Les Eaux minérales d'Auvergne*, p. 104. 1878.

C'est à cette source précieuse que les bains de Royat doivent en grande partie leur renommée.

Cette eau dont la température est de 35°5 a été analysée par M. Aubergier en 1843, c'est-à-dire peu de temps après sa découverte, et alors qu'elle donnait 196 litres par minute ; elle l'a été de nouveau en 1845 par M. Nivet, avant l'accroissement dont nous avons parlé et pendant que son débit était de 280 litres ; puis en 1857 par M. J. Lefort, alors qu'elle était devenue la grande source actuelle ; enfin nous avons nous-même procédé à une nouvelle analyse en 1874. Il est très-remarquable qu'à des époques si éloignées, et après des transformations si importantes, la composition de l'eau n'a pas varié sensiblement, comme le prouverait la comparaison de toutes ces analyses.

Voici les résultats que nous avons obtenus :

COMPOSITION RAPPORTÉE A 1 LITRE.

Acide carbonique.	2ᵍ298	Acide carbonique libre .	0ᵍ645
— sulfurique	0.110	Bicarbonate de soude.	1.128
— silicique.	0.132	— potasse	0.381
— phosphorique.	0.004	— chaux.	1.005
— arsénique.	0.0006	— magnésie	0.374
Chlore.	1.068	— fer	0.042
Brome.	traces.	— manganèse	traces.
Iode	traces.	Sulfate de soude.	0.195
Potasse	0.179	Phosphate de soude.	0.008
Soude	1.398	Chlorure de sodium.	1.714
Lithine.	0.012	— lithium.	0.035
Chaux.	0.391	Bromure de sodium.	traces.
Magnésie	0.117	Iodure de sodium.	traces.
Protoxyde de fer	0.019	Arséniate de soude	0.0009
— manganèse.	traces.	Silice	0.132
Matières organiques	traces.	Matières organiques.	traces.
Poids des combinaisons anhydres, les carbonates étant à l'état de carbonates neutres.	4.155	Total, non compris l'acide carbonique libre.	5.0149
		Total, y compris l'acide carbonique libre.	5.6599

Nous avons signalé en 1874 la présence de la lithine en quantité relativement notable dans les terres de la Limagne et dans les principales sources minérales d'Auvergne (1), et en 1875 nous avons examiné spécialement, en collaboration avec M. le docteur Fredet, médecin consultant à Royat, le rôle que pouvait jouer cet élément dans l'eau de la source Eugénie. « Une proportion de 35 milligrammes de chlorure de lithium dans un litre d'eau de Royat, disions-nous, devait frapper l'esprit des médecins qui s'occupent de cette importante station thermale, et en effet, cette substance dont les propriétés médicinales ont été mises en lumière dans ces derniers temps, explique très-bien pour sa part l'action curative de ces eaux dans le traitement de l'arthritis.

» Mais que l'on ne s'étonne point si les analyses de l'eau de Royat ne signalent pas la lithine parmi les substances minéralisatrices qu'elle renferme : la dernière analyse publiée, celle de M. J. Lefort, membre de l'Académie de médecine, date de 1857 et la méthode spectrale, qui a appelé l'attention sur la lithine en donnant le moyen de la reconnaître en petite quantité, n'était pas. créée alors et n'a été connue que depuis 1861.

» Si l'on considère que la *Grande source* ou *source Eugénie* à Royat débite par jour l'énorme quantité de 1,440,000 litres d'eau, suivant un jaugeage exécuté par M. François, inspecteur général des mines, on reconnaîtra par un calcul bien simple qu'elle ne fournit pas moins de 18,396 kilogrammes de chlorure de lithium dans une année. Les autres sources du département, quoique moins abondantes, apportent aussi leur contingent, et il n'est pas étonnant que la

(1) P. Truchot. *Comptes rendus de l'Académie des sciences*, t. LXXVIII, p. 1022. 1874.

lithine ait été rencontrée en proportion relativement considérable dans le sol de la Limagne, sol formé par l'action
des eaux d'une provenance analogue (1). »

Une circonstance à noter aussi au sujet de la source qui
nous occupe est l'énorme quantité d'acide carbonique qu'elle
dégage. Le gaz peut être recueilli en grande partie au
moyen d'un appareil ingénieux qui le conduit dans une salle
spéciale de l'établissement où il est employé en bains et en
douches. En mesurant le gaz aux robinets qui le débitent,
nous avons pu constater approximativement ce que la source
en émet; nous avons recueilli 3,000 litres par minute, et ce
n'était que les trois quarts ou les quatre cinquièmes de la
quantité totale, à en juger par le bouillonnement qui subsis-
tait encore au griffon, l'appareil ne pouvant recueillir la
totalité du gaz qui s'échappe.

A l'approche des orages, alors que le baromètre baisse,
le dégagement est plus abondant, la source bouillonne plus
fort en lançant parfois l'eau en dehors de la vasque.

Nous avons cherché à savoir si la composition de l'eau de
la source Eugénie, que nous avons trouvée sensiblement la
même après une trentaine d'années, pouvait varier quelque
peu dans le courant d'une saison. A cet effet, nous avons
effectué chaque semaine les dosages de quelques substances
qui peuvent être déterminées avec précision et célérité au
moyen des liqueurs titrées, comme le chlore, la chaux,
l'acide carbonique combiné. Nous n'avons pas trouvé de
différences sensibles pendant plus de trois mois.

(1) Truchot et Fredet. *De la lithine dans les Eaux minérales de Royat*,
p. 16. Paris, 1875.

2º Source de César.

La source de César est située en face de la précédente, mais sur la rive gauche du ruisseau de Tiretaine.

En 1822, des fouilles mirent au jour des constructions romaines indiquant que cette source alimentait autrefois un établissement de bains. On construisit alors autour de la source retrouvée un puits circulaire qui s'élève à un mètre au-dessus du sol et qui est au centre d'un bâtiment contenant 8 cabinets de bains. Un tuyau partant du fond de ce puits conduit un filet d'eau à une buvette extérieure.

L'eau du bain de César a une température de 28° ; son débit qui était de 24 à 25 litres par minute a, dit-on, un peu diminué.

Elle est limpide, très-gazeuse, et elle est employée à la fois comme eau de table et en bains froids qui ont du succès dans les affections chloro-anémiques et nerveuses.

Voici sa composition déterminée en 1857 par M. J. Lefort :

COMPOSITION RAPPORTÉE A 1 LITRE.

Acide carbonique.	2ᵍ294	Acide carbonique libre. .	1ᵍ229
— sulfurique.	0.065	Bicarbonate de soude . . .	0.392
— silicique.	0.167	— potasse . .	0.286
— phosphorique	0.008	— chaux. . .	0.686
— arsénique.	traces.	— magnésie .	0.397
Chlore.	0.465	— fer.	0.025
Brome.	indices	— manganèse traces.
Iode	indices	Sulfate de soude.	0.115
Potasse.	0.148	Phosphate de soude. . . .	0.014
Soude.	0.572	Chlorure de sodium. . . .	0.766
Chaux.	0.267	Bromure de sodium. . . .	indices
Magnésie.	0.127	Iodure de sodium.	indices
Protoxyde de fer.	0.009	Arséniate de soude. . . .	traces.
— manganèse. traces.		Silice.	0.167
Alumine.	traces.	Alumine.	traces.
Matière organique	indices	Matière organique	indices

Acide carbonique libre. .   1ᵍ229

Poids des combinaisons anhydres, les carbonates étant à l'état de carbonates neutres. 2.344

Total, non compris l'acide carbonique libre. 2.848
Total, y compris l'acide carbonique libre. 4.077

L'eau de César se distingue de la précédente par une minéralisation plus faible et une plus grande quantité d'acide carbonique libre.

3° Source Saint-Mart.

La source Saint-Mart est située sur la rive gauche du ruisseau, vis-à-vis l'établissement thermal. C'était autrefois la plus en vogue et depuis l'inondation de 1835 elle se perdait dans le ruisseau; mais elle a été captée de nouveau l'an passé et nous en avons alors fait une analyse qui ne diffère pas sensiblement de celle de M. J. Lefort, en 1857.

Voici les résultats que nous avons obtenus :

COMPOSITION RAPPORTÉE A 1 LITRE.

Acide carbonique.	3ᵍ363	Acide carbonique libre . .	1ᵍ709
— sulfurique	0.082	Bicarbonate de soude. . .	0.887
— silicique	0.094	— potasse. .	0.187
— phosphorique . . .	traces.	— chaux. . .	0.969
— arsénique	traces.	— magnésie.	0.651
Chlore.	0.950	— fer	0.023
Brome.	traces.	— manganèse	traces.
Iode.	traces.	Sulfate de soude.	0.146
Potasse	0.088	Phosphate de soude. . . .	traces.
Soude	1.224	Chlorure de sodium. . . .	1.565
Lithine	0.012	— lithium. . . .	0.035
Chaux	0.377	Bromure de sodium. . . .	traces.
Magnésie	0.203	Iodure de sodium.	traces.
Protoxyde de fer. . . .	0.010	Arséniate de soude. . . .	traces.
— manganèse.	traces.	Silice	0.094
Matières organiques. . .	indices	Matières organiques . . .	indices
Poids des combinaisons anhydres, les carbonates étant à l'état de carbonates neutres.	3.495	Total, non compris l'acide carbonique libre	4.557
		Total , y compris l'acide carbonique libre	6.266

La température de l'eau de Saint-Mart est de 30° et son débit 15 litres par minute. Sa minéralisation et sa température, intermédiaires entre celles des sources Eugénie et César, la rendent précieuse pour les bains tempérés.

Elle est surtout prescrite, dit le docteur Boucomont, « dans les gastralgies douloureuses des femmes et dans les dyspepsies de forme et de nature variées. Elle est bue de préférence par beaucoup de malades atteints de manifestations arthritiques, qui la trouvent moins chaude et plus agréable que celle de la grande source (1). »

(1) Dʳ Boucomont. *Les Eaux minérales d'Auvergne*, p. 111. 1878.

4° Source Saint-Victor.

La source Saint-Victor se trouve, comme les deux précédentes, sur la rive gauche du ruisseau, mais à 50 mètres au-dessous de l'établissement. Elle a été découverte l'an passé, au milieu de constructions romaines et sous une voûte parfaitement conservée.

Sa température est de 20 degrés.

L'analyse que nous en avons faite nous a donné les résultats suivants :

COMPOSITION RAPPORTÉE A 1 LITRE.

Acide carbonique	3g243	Acide carbonique libre	1g492
— sulfurique	0.093	Bicarbonate de soude	0.982
— silicique	0.095	— potasse	0.230
— phosphorique	traces.	— chaux	1.012
— arsénique	traces.	— magnésie	0.646
Chlore	1.000	— fer	0.056
Brome	traces.	— manganèse	traces.
Iode	traces.	Sulfate de soude	0.166
Potasse	0.108	Phosphate de soude	traces.
Soude	1.314	Chlorure de sodium	1.650
Lithine	0.012	— lithium	0.035
Chaux	0.394	Bromure de sodium	traces.
Magnésie	0.202	Iodure de sodium	traces.
Protoxyde de fer	0.026	Arséniate de soude	traces.
— de manganèse	traces.	Silice	0.095
Matières organiques	traces.	Matières organiques	traces.
Poids des combinaisons anhydres, les carbonates étant à l'état de carbonates neutres	3.970	Total, non compris l'acide carbonique libre	4.872
		Total, y compris l'acide carbonique libre	6.364

L'eau de Saint-Victor, plus riche en fer que les autres sources de Royat, est surtout employée en boisson pour le traitement des sujets mous, lymphatiques et des jeunes filles chlorotiques (Boucomont).

16

Les indications thérapeutiques qui concernent Royat ont été signalées et discutées tour à tour par les praticiens attachés à cette station. Ne pouvant les résumer ici, nous nous contenterons de citer les deux extraits suivants :

« La présence de la lithine en forte proportion dans l'eau minérale de Royat vient confirmer l'opinion des divers auteurs sur son efficacité dans le traitement de l'arthritis ; elle la constitue en un médicament spécifique de cette diathèse et de ses diverses manifestations articulaires, viscérales ou cutanées appartenant spécialement à la modalité goutteuse.

» Il est permis de supposer, d'après les expériences de Garrod et de Charcot, qu'elle peut être d'une très-grande utilité dans la gravelle urique (1). »

« Il est curieux de voir réunies en Auvergne, à quelques kilomètres l'une de l'autre, les deux stations qui occupent le premier rang dans le traitement des affections de la peau : *La Bourboule*, indiquée dans toutes les manifestations cutanées de la diathèse herpétique, et *Royat*, dans toutes celles qui dépendent de la diathèse arthritique (2). »

5° Source Marie-Louise.

Au-dessous et à une distance d'environ 400 mètres de l'établissement de Royat, dans la cour du moulin Bonnet, sur la rive droite du ruisseau, un puits creusé depuis six

(1) Conclusions du travail de MM. P. Truchot et Dr Fredet : *De la lithine dans les Eaux minérales de Royat*, p. 38. Paris, 1875.

(2) Dr Boucomont. *Les Eaux minérales d'Auvergne*, p. 99, 1878.

ans fournit une eau minérale qui commence à être utilisée sous le nom d'eau de la source Marie-Louise. Elle est limpide, d'une saveur acidule et un peu saline ; sa température est de 16°.

L'analyse que nous en avons faite récemment nous a donné les résultats suivants :

COMPOSITION RAPPORTÉE A 1 LITRE.

Acide carbonique.	1^g913	Acide carbonique libre . .		0^g630
— sulfurique	0.075	Bicarbonate de soude. .	⎫	
— silicique.	0.130	— potasse.	⎬	1.235
— phosphorique. . . .	0.003	— chaux. . .		0.702
— arsénique.	traces.	— magnésie.		0.281
Chlore.	0.845	— fer		0.026
Potasse	⎫	— mangan^{se}.	traces.	
Soude	⎬ 1.226	Sulfate de soude.		0.133
Lithine.	0.008	Phosphate de soude. . . .		0.006
Chaux.	0.273	Chlorure de sodium. . . .		1.363
Magnésie	0.088	— lithium. . . .		0.022
Protoxyde de fer.	0.012	Arséniate de soude.	traces.	
— manganèse.	traces.	Silice.		0.130
Matières organiques.	traces.	Matières organiques.	traces.	
Poids des combinaisons anhydres, les carbonates étant à l'état de carbonates neutres.	3.120	Total, non compris l'acide carbonique libre . . . . Total, y compris l'acide carbonique libre.		3.898 4.528

6° Source Fonteix.

Vis-à-vis la précédente, sur la rive gauche du ruisseau et dans la cour du moulin Fonteix, jaillit également une source minérale captée depuis quelques mois seulement.

Elle dégage de fines bulles d'acide carbonique et elle est limpide, gazeuse et acidule ; sa température est de 17°8.

Nous lui avons trouvé la composition suivante :

COMPOSITION RAPPORTÉE A 1 LITRE.

Acide carbonique	2^s475	Acide carbonique libre. .	0^g687
— sulfurique	0.075	Bicarbonate de soude. . . ⎫	
— silicique	0.120	— potasse. . ⎬	1.550
— phosphorique	0.003	— chaux . . .	0.938
— arsénique	traces.	— magnésie .	0.569
Chlore	0.941	— fer.	0.022
Potasse ⎫		— manganèse traces.	
Soude ⎬	1.363	Sulfate de soude.	0.133
Lithine	0.008	Phosphate de soude. . . .	0.006
Chaux	0.365	Chlorure de sodium. . . .	1.512
Magnésie	0.178	— lithium . . .	0.022
Protoxyde de fer	0.010	Arséniate de soude . . . . traces.	
— manganèse traces.		Silice	0.120
Matières organiques. . . . traces.		Matières organiques. . . . traces.	
Poids des combinaisons anhydres, les carbonates étant à l'état de carbonates neutres	3.813	Total, non compris l'acide carbonique libre	4.872
		Total, y compris l'acide carbonique libre	5.559

Il est probable que l'usage assignera aux sources Marie-Louise et Fonteix des propriétés qui en feront des eaux de table et des eaux médicamenteuses dont on tirera parti.

Nous ne terminerons pas l'étude des eaux minérales de Royat sans signaler un phénomène qui attire la curiosité des baigneurs et des touristes : nous voulons parler de la grotte du chien.

Cette grotte, creusée sous la lave, dans les pouzzolanès, se trouve sur la gauche de la route, à 200 mètres de l'établissement thermal. Elle constitue une vaste chambre éclairée par des vitraux, et de son sol se dégage de l'acide carbonique.

La couche inférieure, sur une épaisseur de 1 mètre environ, est riche en gaz méphitique, et tandis qu'un homme debout peut y séjourner quelque temps, un animal de basse taille, un chien y périrait bientôt asphyxié. On répète devant les visiteurs un certain nombre d'expériences bien connues fondées sur la grande densité de l'acide carbonique.

M. Finot, qui a étudié la couche inférieure de l'atmosphère de la grotte, lui a trouvé la composition suivante :

Acide carbonique	25.69
Oxygène	20.13
Azote	54.18
	100.0

Chose curieuse, pendant l'hiver l'acide carbonique cesse de se dégager, de sorte que le phénomène est intermittent.

SAINT-AMANT-ROCHE-SAVINE

On trouve dans le voisinage de Saint-Amant-Roche-Savine trois sources minérales froides qui sortent du granite.

1° Source de la Fayolle.

La source de la Fayolle, près du hameau de ce nom, est à 2 kilomètres au sud-ouest du village. Elle est reçue dans un petit bassin entouré de gazon et elle bouillonne sous l'influence de l'acide carbonique qu'elle dégage. Sa température est de 8 degrés.

L'eau de cette source est fortement acidule et elle est recherchée par les habitants des environs, qui prétendent qu'elle ne leur fait aucun mal même lorsqu'ils sont en sueur ; aussi, dit M. Nivet, en abusent-ils souvent pendant les chaleurs de l'été.

Elle renferme une forte proportion de gaz carbonique et

elle n'est pas sensiblement minéralisée, comme le montre
l'analyse suivante que nous avons faite conjointement avec
M. Finot en 1876 :

COMPOSITION RAPPORTÉE A 1 LITRE.

Acide carbonique.	1g950	Acide carbonique libre. .	1g911
— silicique	0.013	Bicarbonate de soude. . }	
Chlore.	0.004	— potasse. }	0.019
Potasse. . . . . }		— chaux. . .	0.020
Soude . . . . }	0.007	— magnésie.	0.025
Chaux	0.008	— fer	traces.
Magnésie	0.008	Chlorure de sodium. . . .	0.006
Protoxyde de fer.	traces.	Silice.	0.016
Matières organiques. . .	traces.	Matières organiques. . . .	traces.

Poids des combinaisons anhydres, les carbonates étant à l'état de carbonates neutres	0.063	Total, non compris l'acide carbonique libre	0.086
		Total, y compris l'acide carbonique libre. . . .	1.997

C'est donc une eau *carbonique* bien caractérisée, et elle
constitue une eau de table excellente et fort agréable.

2° Source de Chennailles.

La source de Chennailles sourd dans un pré, sur le bord
d'un petit ruisseau, entre la précédente et Saint-Amant.

Elle est froide, acidule et n'abandonne aucun dépôt. On
doit la considérer également comme une eau carbonique;
mais nous n'avons pu en faire l'analyse, l'eau de la source
étant mêlée d'eau douce provenant du ruisseau.

3° Source des Querettes.

Cette troisième source est plus rapprochée de Saint-Amant
et s'échappe d'une prairie. Elle est froide, acidule et assez
fréquentée, à cause de sa proximité du village.

Son analyse nous a donné les résultats suivants :

COMPOSITION RAPPORTÉE A 1 LITRE.

Acide carbonique.	1ᵍ133	Acide carbonique libre . .	0ᵍ815
— sulfurique.	traces.	Bicarbonate de soude. . }	0.542
— silicique.	0.025	— potasse . }	
Chlore.	0.006	— chaux. . .	0.026
Potasse . . . . }	0.205	— magnésie .	0.026
Soude . . . . }		— fer	traces.
Chaux	0.010	Sulfate de soude.	traces.
Magnésie	0.008	Chlorure de sodium. . . .	0.010
Protoxyde de fer. . . .	traces.	Silice	0.025
Matières organiques. . . .	traces.	Matières organiques . . .	traces.

Poids des combinaisons anhydres, les carbonates étant à l'état de carbonates neutres	0.413	Total, non compris l'acide carbonique libre . . . . 0.629 Total, y compris l'acide carbonique libre 1.444

Bien qu'elle soit un peu plus minéralisée et un peu moins riche en acide carbonique que l'eau de la Fayolle, on peut encore considérer l'eau des Querettes comme une eau *carbonique* ; toutefois, nous nous permettons l'observation suivante au sujet de sa composition : Le chlorure de sodium et les sels terreux y font à peu près complètement défaut, tandis que les bicarbonates alcalins s'y trouvent à la dose de plus d'un demi-gramme par litre. N'est-il pas à supposer dès lors que ces derniers, associés à l'acide carbonique, mais dégagés pour ainsi dire de l'influence modificatrice d'autres sels, ont une action thérapeutique bien déterminée, due aux alcalins, malgré leur faible proportion ? Nous livrons cette réflexion aux praticiens.

SAINT-DIÉRY

Plusieurs sources minérales ont été indiquées dans la commune de Saint-Diéry, aux environs de Coteuge et de Lains ; la principale est connue actuellement sous le nom de source de *Renlaigue*. Nous en avons examiné une seconde près du hameau du Chez, la source de *la Bonnette*.

1° Source de Renlaigue.

Cette source, qui a été quelquefois désignée sous les noms de Coteuge et de Lains, se trouve à quelques centaines de mètres au sud du hameau de Lains, sur la rive gauche de la Couze d'Issoire. Elle a été captée il y a quelques années seulement par leurs propriétaires, MM. Sudre, qui ont construit de plus un établissement bien disposé pour la mise en bouteilles et l'expédition des eaux. Mais elle était connue depuis longtemps, comme l'indique le nom de Renlaigue donné au terrain rocheux d'où elle sort et qui signifie rocher qui rend l'eau (*Renn l'aïguo, Reddit aquam*). Elle était d'ailleurs fréquentée par les habitants du voisinage.

La température de la source de Renlaigue est de 14° et son débit 40 litres par minute. L'eau est très-limpide et gazeuse ; sa saveur, acidule et un peu ferrugineuse. Elle abandonne dans les canaux d'écoulement un sédiment ocreux.

L'analyse de cette eau minérale a été faite en 1869 par M. Marchand, pharmacien à Saint-Germain-en-Laye, et en 1872 par M. Bouis ; voici les résultats obtenus par ce dernier pour un litre d'eau :

Résidu insoluble	0^{g}060
Alumine	0 012
Sesquioxyde de fer.	0 058
Chaux.	0 121
Magnésie	0 118
Soude.	0 479
Acide sulfurique	0 014
— carbonique.	0 399
Chlore	0 262
	1 523

Nombres qui peuvent être ainsi représentés :

Résidu insoluble	0^{g}060
Alumine	0 012
Carbonate de protoxyde de fer.	0 081
— chaux.	0 216
— magnésie.	0 247
— soude.	0 417
Sulfate de soude	0 024
Chlorure de sodium.	0 431
	1 488

De son côté, M. Marchand a trouvé qu'un litre contient 2^{g}464 d'acide carbonique libre. C'est une proportion considérable qui rend compte de la saveur piquante de l'eau et de sa conservation en bouteilles.

L'eau de Renlaigue est une excellente eau de table et elle est exportée en grande quantité ; on l'emploie aussi sur place ou dans les environs contre l'anémie, la chlorose, les dyspepsies et les gastralgies.

2° Source de la Bonnette.

Lorsqu'en sortant du Chez, hameau qui dépend de la commune de Saint-Diéry, on remonte la Couze en suivant un petit chemin qui longe la rive gauche, on trouve, à 200 mètres, une source minérale ferrugineuse assez abondante.

L'eau, qui bouillonne sous l'influence de l'acide carbonique, est limpide, gazeuse et d'une saveur acidule puis ferrugineuse. Sa température est de 14°.

L'analyse nous a donné les résultats suivants :

COMPOSITION RAPPORTÉE A 1 LITRE.

Acide carbonique. . . .	3ᵍ538	Acide carbonique libre . .	2ᵍ110
— sulfurique	0.010	Bicarbonate de soude . . .	0.840
— silicique	0.060	— potasse . .	traces.
— arsénique.	traces.	— chaux . .	0.576
Chlore.	0.813	— magnésie .	0.793
Potasse.	traces.	— fer.	0.069
Soude	1.016	Sulfate de soude.	0.018
Lithine.	traces.	Chlorure de sodium. . . .	1.340
Chaux	0.224	— lithium. . . .	traces.
Magnésie	0.248	Arséniate de soude	traces.
Protoxyde de fer.	0.031	Silice.	0.060
Matières organiques . . .	traces.	Matières organiques. . . .	traces.
Poids des combinaisons anhydres, les carbonates étant à l'état de carbonates neutres.	2.920	Total, non compris l'acide carbonique libre. . . . . Total, y compris l'acide carbonique libre.	3.696 5.806

L'eau de la Bonnette contient à la source une telle quantité d'acide carbonique libre que lorsqu'on emplit une bouteille que l'on bouche aussitôt, celle-ci se brise au bout de quelques instants sous l'effort du gaz, si ce n'est pas une de ces bouteilles résistantes que l'on fabrique spécialement pour contenir les boissons gazeuses.

Il résulte de cette grande proportion de gaz carbonique que l'eau se conserve longtemps en bouteilles sans déposer son fer. C'est une eau de table agréable et qui doit offrir des propriétés spéciales dues principalement au fer et à la magnésie qu'elle contient en fortes proportions.

SAINT-DONAT

Source du Sac.

Au sud-ouest du hameau Le Sac, dans la commune de Saint-Donat, vient sourdre une eau minérale sur la rive droite d'un petit ruisseau. Elle est fréquentée dans la belle saison par les habitants des environs, qui lui attribuent de nombreuses propriétés curatives.

SAINT-MAURICE

EAUX MINÉRALES DE SAINTE-MARGUERITE

Les sources minérales qui vont nous occuper tirent leur nom d'une chapelle dédiée à sainte Marguerite et située sur la rive droite de l'Allier. On les désigne souvent aussi sous les noms de sources de Saint-Maurice ou de Vic-le-Comte, parce qu'elles se trouvent sur le territoire de la commune de Saint-Maurice et dans le canton de Vic-le-Comte.

Elles ont eu autrefois une très-grande vogue, et en 1605,

Jean Banc, qui signale des restes d'une ancienne station
balnéaire, décrit l'état des lieux et jusqu'à sept sources
alors très-fréquentées (1). Depuis longtemps elles étaient
presque abandonnées et n'étaient employées que par un petit
nombre de malades du département. Un établissement a été
construit vers 1840; mais, dit M. Nivet, il était bas, très-
petit, malpropre et mal aéré; il renfermait deux baignoires
et deux piscines, dans des cabinets séparés les uns des autres
par des cloisons en planches. Le propriétaire actuel, M. Mandement, a édifié un nouvel établissement; mais combien il
laisse encore à désirer!

Cet abandon n'est nullement justifié, car les sources de
Sainte-Marguerite, par leur nombre, leur volume et surtout
leurs propriétés thérapeutiques, pourraient alimenter une
station thermale très-importante.

Elles jaillissent des roches granitiques qui se trouvent sur
la rive droite de l'Allier et même du thalweg de la rivière,
à l'ouest du village de Saint-Maurice; elles accusent leur
présence par de nombreux dégagements d'acide carbonique,
le plus souvent intermittents, et par des dépôts ocracés qui
entourent les griffons. Comme elles n'ont jamais subi que
des captages peu importants au moyen de constructions en
maçonnerie que les crues de l'Allier emportent de temps en
temps, et que, d'autre part, elles forment des dépôts et des
concrétions dans les conduits souterrains qui les amènent,
on conçoit que de temps à autre leur débit, leur position et
même leur nombre changent d'une manière notable. C'est ce
qui est arrivé.

En 1846, M. Nivet (2) décrit jusqu'à onze sources dont la

(1) Jean Banc, p. 99 et suiv. 1605.
(2) Nivet. *Dictionnaire*, etc., p. 138 et suiv.

plupart n'existent plus et donne l'analyse de la principale, la source *Sainte-Marguerite*.

En 1864, M. J. Lefort (1) en signale six et détermine la composition de deux d'entre elles.

Nous avons repris ce travail analytique tout récemment, et voici l'état des sources actuelles. Les principales sont au nombre de huit, qui pourraient se réduire à cinq, car la source *Merveilleuse*, découverte il y a quelques mois seulement, remplace en quelque sorte trois des autres.

1° Source des Anciens Bains.

Elle existe dans le lit de l'Allier, entourée d'une construction en pierre qui a disparu en grande partie. En mai 1877, nous avons pu constater sa température de 24°6, son débit assez faible et déterminer sa composition, qui est représentée ci-dessous ; mais actuellement elle est à peu près complètement tarie, soit que ses canaux d'orifice aient été obstrués par les concrétions, soit que l'eau ait été attirée dans la nouvelle source.

2° Source des Nouveaux Bains.

La source des Nouveaux Bains, trouvée il y a huit ou dix ans au sud de l'Etablissement, possède une température de 28° ; son débit a considérablement diminué depuis la découverte de la source Merveilleuse et elle offre maintenant peu d'importance.

Nous l'avons analysée avant sa diminution et alors qu'elle était employée pour le service des bains : sa composition ne

(1) J. Lefort. *Annales de la Société d'hydrologie médicale de Paris*, t. XI, p. 120.

diffère pas sensiblement de celle des sources voisines, comme
le montre le tableau ci-dessous.

3° Source intermittente.

A quelques pas de la source des Anciens Bains, vers
l'angle ouest de l'établissement, jaillit avec une intermittence
produite par un dégagement d'acide carbonique qui est lui-
même périodique, une petite source qui n'est pas utilisée.
Sa température est de 24° et sa composition analogue à celle
des précédentes.

4° Source Merveilleuse.

Au mois de mars 1871, M. Mandement pratiqua un trou
de sonde au sud de l'établissement et à quelques mètres du
lit de l'Allier. Il obtint une source très-remarquable, dont
la température est de 31° et le débit 250 litres par minute.

Un dégagement d'acide carbonique la fait constamment
bouillonner ; mais, chose curieuse qui lui a fait donner son
nom, tout en ayant un écoulement continu, elle jaillit toutes
les six ou sept minutes hors du tube qui garnit le trou de
sonde. L'eau s'élance, blanche et écumeuse, alternativement
à 3 mètres et à 50 centimètres de haut. Au début, alors que
l'orifice qui conduit l'eau aux baignoires n'était pas encore
pratiqué, l'eau jaillissait à 5 et à 7 mètres (1).

(1) L'intermittence dont il s'agit provient du dégagement de l'acide
carbonique, qui est beaucoup plus abondant aux périodes indiquées.
Si l'eau était reçue dans une vasque suffisamment large, on n'observerait
qu'une intermittence dans le bouillonnement, comme cela arrive pour
un certain nombre de sources ; mais l'orifice de la source Merveilleuse
étant un tube étroit, le gaz, qui n'a pas d'espace suffisant pour se dégager,
pousse devant lui la colonne d'eau et la projette à une hauteur d'autant
plus grande que son volume est lui-même plus considérable.

Cette eau, plus merveilleuse par sa composition et ses propriétés que par le phénomène physique que nous venons de citer, a été conduite dans l'établissement, où elle alimente 16 baignoires très-médiocrement installées.

L'eau est limpide, gazeuse et d'une saveur acidule qui devient saline, puis ferrugineuse et alcaline.

Sa composition est représentée dans le tableau suivant, qui montre la plus grande analogie entre les quatre sources.

POUR UN LITRE D'EAU MINERALE.	Source des Anc. Bains	Source des N. Bains.	Source intermit-tente.	Source Merveil-leuse.
	gr.	gr.	gr.	gr.
Acide carbonique	3.650	3.600	3.550	3.700
— sulfurique.	0.100	0.105	0.095	0.110
— silicique.	0.095	0.109	0.095	0.100
— arsénique.	traces.	traces.	traces.	traces.
Chlore	1.403	1.389	1.403	1.410
Potasse.	0.235	0.230	0.235	0.220
Soude.	2.031	2.020	2.000	2.020
Lithine.	0.014	0.014	0.014	0.014
Chaux	0.405	0.409	0.400	0.450
Magnésie.	0.229	0.230	0.220	0.240
Protoxyde de fer.	0.021	0.022	0.020	0.028
Matières organiques.	traces.	traces.	traces.	traces.
Poids des combinaisons anhydres, les carbonates étant à l'état de carbonates neutres	5.467	5.466	5.427	5.604

Ces données de l'analyse peuvent conduire aux résultats suivants :

POUR UN LITRE D'EAU MINÉRALE.	Source des Anc. Bains.	Source des N. Bains.	Source intermittente.	Source Merveilleuse.
	gr.	gr.	gr.	gr.
Acide carbonique libre.	1.162	1.100	1.044	1.056
Bicarbonate de soude.	2.108	2.100	2.043	2.043
— de potasse.	0.500	0.489	0.500	0.468
— de chaux.	1.041	1.051	1.108	1.157
— de magnésie.	0.732	0.736	0.704	0.768
— de fer.	0.046	0.049	0.044	0.062
Sulfate de soude.	0.177	0.186	0.168	0.195
Chlorure de sodium.	2.258	2.234	2.258	2.269
— de lithium.	0.040	0.040	0.040	0.040
Arséniate de soude	traces.	traces.	traces.	traces.
Silice.	0.095	0.109	0.095	0.100
Matières organiques.	traces.	traces.	traces.	traces.
Total, non compris l'acide carbonique libre.	6.999	6.994	6.961	7.002
Total, y compris l'acide carbon. libre.	8.161	8.104	8.005	8.158

Cette grande similitude dans la composition, qui indique à n'en pas douter une origine commune, va se retrouver dans les deux sources suivantes :

5° Source du Puits artésien.

Le puits artésien a été creusé, il y a sept ans, au nord et à 40 mètres de l'établissement. Il fournit une eau limpide et gazeuse à la température de 26°2.

L'acide carbonique qui se dégage en abondance produit une intermittence de cinq ou six minutes ; mais de temps en temps le débit diminue, par suite de l'obstruction de l'orifice, et on est obligé de dégager le canal en brisant les incrustations.

L'analyse nous a donné les résultats qui suivent :

COMPOSITION RAPPORTÉE A 1 LITRE.

Acide carbonique	3g040	Acide carbonique libre. .	0g458
— sulfurique	0.090	Bicarbonate de soude . . .	2.607
— silicique.	0.090	— potasse. . .	0.478
— arsénique.	traces.	— chaux . . .	1.180
Chlore.	1.403	— magnésie .	0.762
Potasse	0.225	— fer.	0.062
Soude	2.010	Sulfate de soude.	0.160
Lithine	0.014	Chlorure de sodium. . . .	2.250
Chaux	0.459	— lithium. . . .	0.040
Magnésie.	0.238	Arséniate de soude	traces.
Protoxyde de fer. . . .	0.028	Silice.	0.090
Matières organiques. . . .	traces.	Matières organiques. . . .	traces.
Poids des combinaisons anhydres, les carbonates étant à l'état de carbonates neutres.	5.538	Total, non compris l'acide carbonique libre	7.097
		Total, y compris l'acide carbonique libre	7.435

L'eau du puits artésien est employée comme boisson par les baigneurs qui fréquentent la station; elle est aussi exportée en assez grande quantité.

6° Source des Pigeons.

A 160 mètres en aval de l'établissement de Sainte-Marguerite, sur les bords de l'Allier, il existe une source minérale appelée source *des Pigeons*, parce que ces oiseaux y vont boire plutôt que dans la rivière.

Elle a une température variable, ce qui provient sans doute de ce que n'étant pas captée, l'eau qui séjourne dans le petit bassin qu'elle s'est creusé, s'échauffe ou se refroidit selon les saisons. M. Lefort l'a trouvée de 32° et nous n'avons constaté que 19°7 en mars 1878.

Cette source n'est pas utilisée.

L'analyse nous a donné les résultats suivants :

COMPOSITION RAPPORTÉE A 1 LITRE.

Acide carbonique	3ᵍ635	Acide carbonique libre . .	1ᵍ086
— sulfurique.	0.100	Bicarbonate de soude . . .	2.073
— silicique.	0.098	— potasse . .	0.457
— arsénique. . . . . . traces.		— chaux. . .	1.108
Chlore.	1.400	— magnésie .	0.752
Potasse	0.215	— fer.	0.067
Soude	2.015	Sulfate de soude.	0.177
Lithine.	0.014	Chlorure de sodium. . . .	2.253
Chaux.	0.400	— lithium. . . .	0.040
Magnésie.	0.235	Arséniate de soude . . . . traces.	
Protoxyde de fer.	0.030	Silice.	0.098
Matières organiques . . . traces.		Matières organiques. . . . traces.	

Poids des combinaisons anhydres, les carbonates étant à l'état de carbonates neutres.	5.473	Total, non compris l'acide carbonique libre.	7.017
		Total, y compris l'acide carbonique libre	8.103

Nous ferons remarquer que les sources thermales de Sainte-Marguerite contiennent 40 milligrammes de chlorure de lithium par litre. C'est la plus forte proportion que nous ayons trouvée dans les eaux minérales du Puy-de-Dôme, si l'on excepte toutefois l'eau du Puy de la Poix, qui n'est pas une eau minérale proprement dite, mais bien une sorte d'eau mère, comme nous l'avons dit.

7° Grande source de la Chapelle.

C'est la source nommée source *Voûtée* dans le Dictionnaire de M. Nivet (1). Elle est recueillie dans un bassin voûté situé sur le bord du chemin de Mirefleurs, vis-à-vis l'établissement thermal et non loin de la chapelle Sainte-

(1) Page 141.

Marguerite. Sa température, prise dans le bassin, varie notablement, car tandis que M. Nivet l'a trouvée de 16° en 1844 et de 18° en 1845, elle n'était que de 13°5 en 1877.

L'analyse nous a fourni les résultats suivants :

COMPOSITION RAPPORTÉE A 1 LITRE.

Acide carbonique.	1ᵍ954	Acide carbonique libre. . .	0ᵍ650
— silicique	0.054	Bicarbonate de soude. . }	
Chlore.	0.456	— potasse . }	0.393
Potasse . . . . }		— chaux. . .	0.843
Soude . . . . }	0.536	— magnésie .	0.848
Lithine	traces.	— fer.	traces.
Chaux	0.328	Chlorure de sodium. . . .	0.751
Magnésie	0.265	— lithium. . . .	traces.
Protoxyde de fer.	traces.	Silice . . . . ,	0,054
Matières organiques . . .	traces.	Matières organiques . . .	traces.

Poids des combinaisons anhydres, les carbonates étant à l'état de carbonates neutres.	2.191	
Total, non compris l'acide carbonique libre.		2.889
Total, y compris l'acide carbonique libre		3.539

La grande source de la Chapelle a une saveur légèrement aigrelette ; on l'utilise comme eau de table, mais assez rarement.

8° Petite source de la Chapelle.

Elle est placée à quelques pas au sud de la précédente, dont elle est séparée par le chemin qui conduit à l'établissement. Elle est moins abondante et un peu moins minéralisée, comme on le voit par l'analyse suivante.

Sa température est de 13°.

COMPOSITION RAPPORTÉE A 1 LITRE.

Acide carbonique.....	1ᵍ900	Acide carbonique libre ..	0ᵍ633
— silicique.......	0.030	Bicarbonate de soude .. ⎫	
Chlore..........	0.259	— potasse . ⎬	0.723
Potasse.......... ⎫		— chaux...	0.745
Soude .... ⎭	0.489	— magnésie .	0.621
Lithine...........	traces.	— fer.....	traces.
Chaux..........	0.290	Chlorure de sodium....	0.427
Magnésie.........	0.194	— lithium....	traces.
Protoxyde de fer.....	traces.	Silice...........	0.030
Matières organiques....	traces.	Matières organiques ...	traces.

Poids des combinaisons anhydres, les carbonates étant à l'état de carbonates neutres......	1.838	Total, non compris l'acide carbonique libre.....	2.546
		Total, y compris l'acide carbonique libre.....	3.179

C'est encore une eau de table comme la précédente ; toutefois, on lui préfère généralement l'eau du Puits artésien.

Les eaux minérales de Sainte-Marguerite, abstraction faite des deux sources froides, ont une composition qui leur assigne des propriétés remarquables. « Par l'abondance de leurs sels, dit le docteur Boucomont, elles se rapprochent beaucoup de celles de Saint-Nectaire, mais leur basse température modifie le champ de leurs applications : impuissantes en effet pour le traitement des rhumatismes, elles se trouvent admirablement appropriées à celui de l'anémie et de la chlorose.

» Tous les éléments les plus propres à réparer les désordres fonctionnels qu'entraîne l'hypoglobulie se trouvent réunis dans cette minéralisation ; essentiellement plastiques et reconstituantes, stimulantes des fonctions digestives comme les eaux chloro-bicarbonatées mixtes, elles sont

assez ferrugineuses pour fournir aux hématies l'élément
indispensable à leur formation (1). »

D'après le docteur Nivet, elles peuvent être utiles dans
les fièvres intermittentes invétérées, les engorgements du
foie et de la rate, les calculs vésicaux, la gravelle, la
goutte..... Les bains conviennent aux personnes scrofuleuses et rachitiques, à celles qui ont des engorgements
des articulations (2).

SAINT-FLORET

Sources de la Tour Rambaud.

Nous empruntons au dictionnaire de M. Nivet les renseignements suivants au sujet des sources de la Tour Rambaud
que nous n'avons pu visiter :

« Quand on est arrivé à Saint-Floret, si l'on remonte le
ruisseau en suivant sa rive droite, on parvient à la vieille
tour de Rambaud. Au pied de cette tour sont placés des travertins sur lesquels s'épanchent les eaux de deux fontaines
incrustantes, marquant 15°5 à 16° (Lecoq). Buc'Hoz a signalé
dans son ouvrage la forme singulière de ces travertins et les
efflorescences salines dont ils se recouvrent.

---

(1) Docteur Boucomont. *Les Eaux minérales d'Auvergne*, p. 182. 1878.
(2) Des fouilles pratiquées tout récemment au pied de la colline qui
est en face de l'établissement de Sainte-Marguerite, ont fait découvrir
une source abondante qni est appelée à augmenter encore l'importance
de la station.

» La saveur de ces eaux est peu agréable, acidule, légèrement saline et ferrugineuse (1). »

SAINT-GEORGES-ÈS-ALLIER

Source du Gourgoulet.

A deux kilomètres de Saint-Georges-ès-Allier, près du hameau de Lignat, on trouve une source minérale dite du *Gourgoulet*.

Il y a quelques années le propriétaire entreprit un captage de cette fontaine, qui jusque là avait coulé au milieu des herbes d'une prairie, tout en étant assez fréquentée par les habitants des environs ; mais les travaux commencés ont été suspendus.

L'eau du Gourgoulet est limpide, gazeuse, et d'une saveur aigrelette. C'est une eau de table qui est appréciée dans le voisinage et employée contre la chlorose ; sa température est de 10°.

L'analyse que nous en avons faite nous a donné les résultats suivants :

(1) Nivet, *Dictionnaire*, etc., p. 226. 1846.

COMPOSITION RAPPORTÉE A 1 LITRE.

Acide carbonique.	1g800	Acide carbonique libre . .		1g025
— sulfurique.	traces.	Bicarbonate de soude. . .		0.252
— silicique.	0.110	— potasse . .		traces.
Chlore.	0.003	— chaux. . .		1.036
Potasse	traces.	— magnésie .		traces.
Soude	0.093	— fer		0.018
Chaux.	0.403	Sulfate de soude.		traces.
Magnésie	traces.	Chlorure de sodium. . . .		0.005
Protoxyde de fer.	0.008	Silice		0.010
Matières organiques. . . .	traces.	Matières organiques . . .		traces.

Poids des combinaisons anhydres, les carbonates étant à l'état de carbonates neutres	1.004	Total, non compris l'acide carbonique libre	1.421
		Total, y compris l'acide carbonique libre	2.446

On y remarque l'absence presque complète de la magnésie et du chlorure de sodium.

SAINT·MYON

La commune de Saint-Myon possède des eaux minérales qui ont eu une grande vogue.

« Les sources de Sainct-Myon, dit Jean Banc, n'ont com-
» mencé d'être établies fermement en crédit que depuis
» enuiron sept ou huit ans en çà, que le sieur Thalon, méde-
» cin du Puy, homme très-docte et très-expérimenté ; le
» sieur Bernard, médecin de Montaigu, personnage aussi
» de rare et très-recommandée érudition, et moi, les vismes
» ensemble, et sur le lieu en la conformité et ressemblance
» de goust et action, que nous trouuasmes qu'elles auaient
» à celles de Poulgues, nous publiasmes leur vtilité contre

» les maladies d'intempératures et obstructions posées dans
» les parties naturelles (1). »

Raulin (2), qui énumère longuement leurs propriétés et
leur usage dans une foule de maladies, rappelle que Colbert
renouvela leur célébrité par la confiance qu'il avait en elles
et que Costel, Venel, Duclos en ont cherché la composition.
Guy-Patin assure que les médecins de Mazarin les prescri-
virent à ce cardinal « pour combattre la goutte qui le tour-
mentait. »

On rencontre à Saint-Myon deux sources principales,
outre un certain nombre de petits suintements que l'on
aperçoit le long de la rivière.

La plus importante, qui appartient à la famille Désaix, sort
d'un rocher sur la rive droite de la Morge, au nord-est du
village. Elle est très-peu abondante et sa température est
de 14°. L'eau est limpide et gazeuse ; sa saveur est aigrelette,
puis alcaline et un peu ferrugineuse.

Sa composition a été déterminée en 1845 par M. Nivet (3)
et en 1859 par M. J. Lefort (4). Les résultats suivants que
nous avons obtenus en 1878 prouvent que la minéralisation
n'a pas varié, sauf toutefois en ce qui concerne le fer :
M. Nivet, qui a constaté que la saveur de l'eau de Saint-
Myon est aigrelette, alcaline et *surtout très-ferrugineuse,* a
trouvé dans un litre 76 milligrammes de bicarbonate de fer,
tandis que nous n'en avons dosé que 22 milligr. ; la saveur
actuelle rend compte de cette diminution du principe martial.

(1) Jean Banc, page 83-2. 1605.

(2) Raulin. *Traité analytique des Eaux minérales.* Paris, 1784.

(3) Nivet. *Dictionnaire*, etc., page 230.

(4) J. Lefort. *Annales de la Société d'hydrologie médicale de Paris,*
t. VI, p. 71.

COMPOSITION RAPPORTÉE A 1 LITRE.

Acide carbonique.	2ᵍ800	Acide carbonique libre. .	0ᵍ950
— sulfurique.	0.187	Bicarbonate de soude . . .	1.954
— silicique	0.110	— potasse . .	0.100
— phosphorique. . . .	traces.	— chaux. . .	0.948
— arsénique.	traces.	— magnésie .	0.278
Chlore	0.285	— fer.	0.022
Potasse	0.047	Sulfate de soude.	0.332
Soude	1.110	Phosphate de soude. . . .	traces.
Lithine.	0.005	Chlorure de sodium. . . .	0.469
Chaux	0.369	— lithium. . . .	0.014
Magnésie	0.087	Arséniate de soude. . . .	traces.
Protoxyde de fer	0.010	Silice.	0.110
Matières organiques. . . .	traces.	Matières organiques . . .	traces.

Poids des combinaisons anhydres, les carbonates étant à l'état de carbonates neutres.	3.080	Total, non compris l'acide carbonique libre.	4.227
		Total, y compris l'acide carbonique libre. . . .	5.177

Une autre source, appartenant à la commune et affermée au propriétaire de la précédente, se trouve à quelques pas en amont dans le lit de la Morge. Elle est souvent envahie par l'eau douce et nous n'avons pu nous en procurer un échantillon pour l'analyser.

Les eaux de Saint-Myon sont fréquentées par un petit nombre de malades des environs.

On les utilise pour les affections qui réclament l'emploi des ferrugineux et des alcalins ; le fer et le bicarbonate de soude sont, en effet, les éléments qui se distinguent dans l'analyse.

Elles sont aussi exportées comme eaux de table à Aigueperse, à Gannat et dans les localités voisines.

SAINT-NECTAIRE

Les nombreuses sources minérales de Saint-Nectaire sont disséminées dans une vallée granitique très-pittoresque située à 40 kilomètres de Clermont, au pied des pentes orientales des Monts-Dore.

On en compte plus de quarante qui, sortant des fentes du granit, jaillissent sur les deux côtés du ruisseau le Courançon et qui diffèrent notablement par leur température, tout en présentant une grande uniformité dans la composition.

Sur beaucoup de points elles ont couvert le sol de calcaires travertins et dans leur voisinage croissent des plantes qui ne végètent d'ordinaire que sur le littoral de la mer, telles que les *Spergularia marina, Trifolium maritimum, Taraxacum salsugineum, Glaux maritima, Triglochin maritimum, Chara crinata* (1).

Au point de vue des établissements balnéaires, Saint-Nectaire se compose de deux parties : le groupe du Mont-Cornadore, ou Saint-Nectaire-le-Haut, et le groupe de Saint-Nectaire-le-Bas. Ces deux stations thermales sont séparées par une distance de plus d'un kilomètre, et dans l'intervalle se trouvent des sources non utilisées ou employées à produire des incrustations.

Il semble impossible que des sources aussi nombreuses et

(1) Frère Héribaud-Joseph. *Florule des terrains arrosés par les eaux minérales d'Auvergne.* Clermont, 1878.

d'une minéralisation si élevée n'aient pas été connues et fréquentées dès les temps les plus reculés. M. Ledru tire de la présence d'un autel celtique ou druidique, à Saint-Nectaire-le-Bas, la conclusion que ces eaux ont été connues des Gaulois. Il a d'ailleurs signalé des restes d'établissements romains.

Duclos en 1675 et Chomel en 1734 parlent des eaux de Saint-Nectaire, et ce dernier mentionne en particulier une plante qui croît au bord d'une fontaine et « qui vient ordinairement au bord de la mer, en Irlande et dans les marais salez. »

Legrand-d'Aussy dit en 1787 que ces eaux « commencent à être connues et qu'on les a enfermées chacune sous un bâtiment. »

En 1824, l'établissement Boette est construit à Saint-Nectaire-le-Bas, et un peu plus tard Mandon agrandit et restaure les anciens Bains romains.

Vers la même époque, Serre découvre, à la base du Mont-Cornadore, des galeries traversées par des eaux minérales et contenant à l'entrée des cuves rondes et quadrangulaires qui ont pu servir autrefois de piscines. En poursuivant ses fouilles plus au nord, il rencontre une source abondante qui a motivé en 1841 la création de l'hôtel Mandon, aujourd'hui établissement du Mont-Cornadore.

Saint-Nectaire possède donc actuellement trois établissements, dont deux à Saint-Nectaire-le-Bas, qui sont réunis et exploités par la famille Boette, et le troisième à Saint-Nectaire-le-Haut, qui est la propriété de M. Versepuy-Mandon.

L'établissement Boette comprend douze cabinets de bains, des douches, des bains de pieds et autres accessoires ; il est alimenté par deux sources : la grande source Boette, dont la température est 46°, et la source Saint-Césaire, qui est à 40°9. La source des Dames, nouvellement découverte, en fait aussi partie.

Les Bains romains, alimentés par la source Mandon ou du Gros-Bouillon à 37°5, ainsi que par la source de la Voûte ou de la Coquille à 26°, comprennent également douze cabinets de bains, avec appareils pour les douches. La source de la Coquille est employée contre les affections utérines et en particulier en douches vaginales qui ont à Saint-Nectaire une grande réputation.

L'établissement du Mont-Cornadore a reçu depuis quelques années les perfectionnements les plus en usage : il comprend trente cabinets de bains précédés de vestibules et munis d'appareils divers pour les douches ; un service de bains de pieds, de douches et de bains d'acide carbonique ; des appareils de pulvérisation ; des douches oculaires, laryngiennes et vaginales. Il est alimenté par la source du Rocher et celle du Mont-Cornadore ; en outre, trois sources servent de buvettes.

Nous décrirons succinctement les principales sources de Saint-Nectaire en les groupant en six régions.

Un certain nombre d'analyses des eaux les plus usitées ont été faites à diverses époques par les chimistes ; nous ne citerons, comme d'habitude, que les plus récentes, ainsi que celles que nous avons effectuées nous-même des sources non encore étudiées.

I. — *Au-delà du Mont-Cornadore.*

1° Source des Beaudoux.

La source des Beaudoux, qui appartient à M. Versepuy-Mandon, jaillit sur la rive droite du ruisseau, à quelques centaines de mètres du groupe du Mont-Cornadore. Elle a été employée autrefois à faire des incrustations, mais l'établissement a été détruit. Sa température est de 24°5 et son débit 20 à 30 litres par minute.

L'analyse nous a donné les résultats suivants :

COMPOSITION RAPPORTÉE A 1 LITRE.

Acide carbonique.	3ᵍ106	Acide carbonique libre. .	0ᵍ910
— sulfurique	0.096	Bicarbonate de soude . . .	2.954
— silicique	0.140	— potasse . .	0.340
— phosphorique. . . .	traces.	— chaux. . .	0.488
— arsénique	traces.	— magnésie .	0.275
Chlore	1.590	— fer.	0.020
Iode	traces.	Sulfate de soude	0.170
Potasse	0.160	Phosphate de soude. . . .	traces.
Soude	2.512	Chlorure de sodium. . . .	2.589
Lithine	0.008	— lithium . . .	0.023
Chaux	0.190	Arséniate de soude	traces.
Strontiane	traces.	Silice	0.140
Magnésie	0.086	Matières organiques. . . .	traces.
Protoxyde de fer	0.009		
Matières organiques . . .	traces.		

Poids des combinaisons anhydres, les carbonates étant à l'état de carbonates neutres	5.545	Total, non compris l'acide carbonique libre. . . . . Total, y compris l'acide carbonique libre.	6.999 7.909

En face de la source précédente, de l'autre côté du ruisseau, se trouve une autre fontaine minérale qui porte le même nom et qui appartient au même propriétaire. Enfin, de chaque côté du ruisseau, entre les Beaudoux et le groupe suivant, on rencontre 4 ou 5 sources peu importantes.

II. — *Groupe du Mont-Cornadore.*

On distingue les sources incrustantes Percepied et les sources de l'établissement thermal.

2° Grande source des grottes du Mont-Cornadore.

3° Source des grottes du Mont-Cornadore.

4° Source commune Versepuy-Percepied.

Au pied du Mont-Cornadore, derrière l'établissement Versepuy-Mandon, on a découvert, il y a une cinquantaine d'années, une galerie souterraine qui se bifurque et des extrémités de laquelle s'échappent deux sources minérales employées par M. Percepied pour obtenir des incrustations. L'une de ces sources a été autrefois utilisée pour des bains, car des cuves rondes et des baignoires en béton se voient encore à l'entrée du souterrain (1).

A côté, entre les grottes et l'établissement, on en trouve une troisième appartenant par indivis à MM. Versepuy et Percepied, et servant également aux incrustations.

L'analyse de ces trois sources nous a fourni les résultats suivants :

_____

(1) On a pourtant prétendu que ces bassins auraient pu servir à la teinture.

	Grande source des Grottes.	Source des Grottes.	Source Commune.
Acide carbonique	3ᵍ158	3ᵍ376	2ᵍ950
— sulfurique.	0.076	0.075	0.075
— silicique.	0.130	0.110	0.108
— phosphorique. . .	traces.	traces.	traces.
— arsénique.	traces.	traces.	traces.
Chlore	1.600	1.651	1.580
Iode.	traces.	traces.	traces.
Potasse.	0.160	0.180	0.170
Soude.	2.426	2.559	2.500
Lithine.	0.008	0.008	0.008
Chaux	0.243	0.241	0.250
Strontiane	traces.	traces.	traces.
Magnésie.	0.092	0.098	0.095
Protoxyde de fer. . . .	0.010	0.010	0.010
Matières organiques. . .	traces.	traces.	traces.
Poids des combinaisons anhydres, les carbonates étant à l'état de carbonates neutres. .	5.485	5.740	5.630

Ces chiffres peuvent représenter les combinaisons salines ci-après :

	Grande source des Grottes.	Source des Grottes.	Source Commune.
Acide carbonique libre. .	0ᵍ980	1ᵍ050	0ᵍ614
Bicarbonate de soude. .	2.737	2.981	2.984
— potasse.	0.340	0.383	0.362
— chaux .	0.625	0.619	0.643
— magnésᵉ	0.294	0.304	0.304
— fer . . .	0.022	0.022	0.022
Sulfate de soude.	0.135	0.133	0.133
— strontiane . .	traces.	traces.	traces.
Phosphate de soude. . .	traces.	traces.	traces.
Chlorure de sodium. . .	2.605	2.689	2.574
— lithium. . .	0.023	0.023	0.023
Iodure de sodium	traces.	traces.	traces.
Arséniate de soude. . .	traces.	traces.	traces.
Silice.	0.130	0.110	0.110
Matières organiques. . .	traces.	traces.	traces.
Total, non compris l'acide carbonique libre. . . .	6.911	7.264	7.153
Total, y compris l'acide carbonique libre. . . .	7.891	8.314	7.767

On constate que ces eaux incrustantes, qui d'ailleurs ont entre elles une grande analogie de composition, contiennent relativement peu de carbonate de chaux ; ainsi, les eaux qui, à Saint-Alyre ou à Gimeaux, sont employées aux pétrifications, en contiennent presque le double ; quoi qu'il en soit, celles de Saint-Nectaire déposent tout aussi rapidement leur sel calcaire.

5° Source du Rocher.

6° Source du Mont-Cornadore.

Ces deux sources, nous l'avons déjà dit, alimentent l'établissement des bains du Mont-Cornadore. La première, qu'un nouveau captage a considérablement augmentée, fournit par minute cent cinq litres d'eau minérale à 43°7. Sa composition a été déterminée récemment par M. le docteur Garrigou et l'Ecole des Mines.

La seconde a un débit de cinquante litres par minute et une température de 41°. C'est la plus ancienne du groupe, aussi a-t-elle été souvent étudiée : Lecoq, Terreil, J. Lefort, l'Ecole des Mines en ont déterminé la composition.

Nous donnerons, pour ces deux sources, l'analyse de l'Ecole des Mines, qui date de 1877 :

		Source du Rocher.	Source du M.-Cornade
Acide carbonique	libre.	0s8077	0s6016
	des bicarbonates .	2.0850	1.9430
— sulfurique.		0.0789	0.0721
— silicique.		0.0184	0.0523
— arsénique		0.0031	0.0034
— chlorhydrique.		1.5240	1.3462
Iode.		traces.	traces.
Potasse.		0.1057	0.1615
Soude.		2.3011	2.0961
Lithine.		traces.	traces.
Chaux.		0.2290	0.2408
Magnésie.		0.1245	0.0732
Protoxyde de fer.		0.0076	0.0078
Matières organiques.		0.0092	0.0067
Résidu sec.		5.0650	4.6900

On constate une certaine analogie de composition; mais il faut surtout remarquer une proportion notable d'arsenic. En 1853, Thénard, qui venait d'appeler l'attention sur les principales eaux d'Auvergne en déterminant la quantité d'arsenic qu'elles contiennent, avait trouvé pour un litre d'eau de Saint-Nectaire 0s000873 d'acide arsénique; de son côté, M. J. Lefort avait bien constaté, en 1860 et 1875, que toutes les eaux qu'il avait analysées contenaient de l'arsenic, mais seulement à l'état de traces. Ces divergences prouvent que les diverses sources de Saint-Nectaire ne se ressemblent pas au point de vue de leur teneur en arsenic et, en effet, des analyses exécutées par l'Ecole des Mines, en cette même année 1877, accusent comme on le verra plus loin des différences très-sensibles.

7° Source intermittente.

8° Source du Parc.

9° Petite source Rouge.

Ces trois sources complètent le groupe de l'établissement du Mont-Cornadore, où elles constituent trois buvettes.

La source intermittente était connue depuis 1824, mais ce n'est que depuis 1874 qu'elle a été de nouveau captée et aménagée. Elle présente une intermittence de 15 secondes.

Sa température est de 25° et elle fournit 3 litres d'eau à la minute.

La source du Parc, distante de 41 mètres de la source du Mont-Cornadore, possède un débit de cinq litres par minute et une température de 19°.

La petite source Rouge a été obtenue en 1874 par la réunion de trois ou quatre petits filets sortant du granit, à côté du Rocher. Elle donne six litres par minute à une température de 18°.

Son nom lui vient du dépôt ocreux qu'elle abandonne en plus grande quantité que les sources voisines et l'analyse est venue montrer qu'elle est, en effet, un peu plus riche en fer.

Voici l'analyse de ces trois sources due à M. J. Lefort, en 1875 :

	Source intermittente.	Source du Parc.	Petite source Rouge.
Acide carbonique libre. .	0ᵍ477	0ᵍ683	0ᵍ321
Chlorure de sodium. . . .	2.062	2.544	2.096
— rubidium et de cœsium.	indices.	indices.	indices.
Iodure de sodium.	indices.	indices.	indices.
Bicarbonate de soude . . .	1.723	2.127	1.675
— potasse . .	0.230	0.346	0.119
— lithine. . .	0.034	0.057	0.034
— chaux. . .	0.789	0.582	0.808
— magnésie .	0.530	0.480	0.519
— fer.	0.008	0.009	0.018
— manganèsᵉ	traces.	traces.	traces.
Sulfate de soude.	0.133	0.168	0.134
— strontiane. . .	traces.	traces.	traces.
Arséniate de soude. . . .	traces.	traces.	traces.
Alumine.	0.011	0.018	0.012
Silice.	0.118	0.125	0.130
Matières organiques. . . .	traces.	traces.	traces.
	6.115	7.139	5.949

Nous avions signalé la présence de la lithine en quantité notable dans les eaux minérales de Saint-Nectaire, et avant nous M. Boutet avait dosé cet élément dans la source Rouge ; M. J. Lefort a été dès lors conduit à déterminer chimiquement la proportion de cet alcali, et ses résultats confirment les précédents. « C'est à la médecine, ajoute M. J. Lefort en terminant son travail, qu'appartient maintenant de spécifier le rôle que joue la lithine en proportion relativement notable dans ces eaux minérales (1). » Nous avons vu à propos des eaux de Royat que l'action de la lithine a été en effet étudiée et appréciée.

(1) J. Lefort. *Annales de la Société d'Hydrologie médicale de Paris*, t. XX.

III. — *Entre Saint-Nectaire-le-Haut et le Pont.*

RIVE DROITE DU COURANÇON.

Cette région présente un grand nombre de sources. Nous ne nous occuperons que des quatre suivantes, employées à faire des incrustations.

10° Source du Sey.

11° Source Saint-Luc.

12° Source du Pré-Saint-Amand.

13° Source Sainte-Marie.

Ces quatre sources appartiennent à M. Percepied, qui les utilise dans de petits établissements pour préparer des pétrifications. La plus importante est la source du Sey, qui fournit 50 litres par minute et a une température de 32°.

L'analyse nous a donné les résultats suivants :

POUR UN LITRE D'EAU MINERALE	Source du Sey	Source St-Luc.	Source du Pré S-Amand	Source S^e-Marie
Acide carbonique.	3^{g}444	3^{g}402	3^{g}050	2^{g}450
— sulfurique	0.080	0.080	0.080	0.080
— silicique . . . . : . .	0.100	0.085	0.118	0.120
— phosphorique	traces.	traces.	traces.	traces.
— arsénique	traces.	traces.	traces.	traces.
Chlore.	1.382	1.512	1.550	1.626
Potasse	0.145	0.155	0.132	0.140
Soude	2.400	2.510	2.301	2.316
Lithine	0.008	0.009	0.008	0.008
Chaux	0.230	0.275	0.215	0.218
Magnésie	0.080	0.110	0.080	0.087
Protoxyde de fer	0.005	0.017	0.008	traces.
Matière organique	traces.	traces.	traces.	traces.
Poids des combinaisons anhydres, les carbonates étant à l'état de carbonates neutres.	5.295	5.670	5.138	5.701

POUR UN LITRE D'EAU MINERALE	Source du Sey.	Source St-Luc.	Source du Pré S-Amand	Source Se-Marie
Acide carbonique libre.	1ᵍ020	0ᵍ908	1ᵍ091	0ᵍ545
Bicarbonate de soude.	3.159	3.160	2.504	2.368
— potasse..	0.308	0.330	0.281	0.298
— chaux.	0.591	0.707	0.553	0.560
— magnésie	0.256	0.352	0.256	0.278
— fer.	0.012	0.037	0.017	traces.
Sulfate de soude.	0.142	0.142	0.142	0.142
Phosphate de soude.	traces.	traces.	traces.	traces.
Chlorure de sodium.	2.248	2.462	2.525	2.660
— lithium.	0.023	0.026	0.023	0.023
Arséniate de soude.	traces.	traces.	traces.	traces.
Silice.	0.100	0.085	0.118	0.120
Matières organiques.	traces.	traces.	traces.	traces.
Total, non compris l'acide carboni-que. libre.	6.837	7.298	6.419	6.439
Total, y compris l'acide carbonique libre.	7.857	8.206	7.510	6.984

IV. — *Entre Saint-Nectaire-le-Haut et le Pont.*

RIVE GAUCHE DU COURANÇON.

14° Source Pierre Serre.

A peu de distance du chemin de Saint-Nectaire, au-dessous du monticule de l'église, jaillit une fontaine assez abondante qui alimente un petit établissement de pétrifications abandonné depuis quelque temps. Sa température est de 18°.

15° Source Mandon.

C'est la plus importante des nombreuses petites sources que l'on voit s'échapper des rochers, à droite du chemin qui descend à Saint-Nectaire-le-Bas. On l'a autrefois fouillée en creusant le roc pour lui donner une issue; mais elle est actuellement abandonnée. Sa température est de 21°.

16° Source des Côtes.

Des fouilles pratiquées par la famille Boette dans un rocher granitique, à la partie inférieure de la colline des *Côtes*, ont mis au jour une source non encore utilisée, mais assez abondante. Sa température est de 24°.

L'analyse nous a donné les résultats suivants :

COMPOSITION RAPPORTÉE A 1 LITRE.

Acide carbonique.	3ᵍ490	Acide carbonique libre . .	1ᵍ118
— sulfurique	0.085	Bicarbonate de soude . . .	3.401
— silicique	0.130	— potasse . .	0.361
— phosphorique	traces.	— chaux. . .	0.414
— arsénique.	traces.	— magnésie .	0.243
Chlore.	1.728	— fer.	0.020
Potasse.	0.170	Sulfate de soude.	0.151
Soude	2.788	Phosphate de soude. . . .	traces.
Lithine.	0.008	Chlorure de sodium. . . .	2.816
Chaux	0.161	— lithium. . . .	0.023
Magnésie	0.076	Arséniate de soude	traces.
Protoxyde de fer. . . .	0.009	Silice.	0.130
Matières organiques . . .	traces.	Matières organiques. . . .	traces.

Poids des combinaisons anhydres, les carbonates étant à l'état de carbonates neutres.	5.961	Total, non compris l'acide carbonique libre.	7.559
		Total, y compris l'acide carbonique libre.	8.677

17° Sources Papon-Serre.

Lorsqu'on descend le chemin qui conduit à Saint-Nectaire-le-Bas et qu'on est arrivé à 100 mètres environ du pont, on rencontre l'établissement de pétrification de M. Papon-Serre, alimenté par trois sources très-abondantes.

En 1844, M. Serre résolut d'utiliser de nombreux filets d'eau tiède qui s'échappaient du rocher ; il fit d'abord disparaître des sédiments calcaires, puis il creusa une longue.

galerie dans le granit et il découvrit trois sources dont les températures sont 32, 40 et 44 degrés. Il y avait certainement là l'origine d'un établissement thermal, mais ces eaux minérales ont été employées à faire des incrustations.

L'analyse de la source du milieu, qui est la plus abondante, nous a donné les résultats suivants :

COMPOSITION RAPPORTÉE A 1 LITRE.

Acide carbonique	3s489	Acide carbonique libre . .	1s020
— sulfurique	0.092	Bicarbonate de soude. . .	3.509
— silicique	0.150	— potasse. .	0.308
— phosphorique. . . .	traces.	— chaux . . .	0.501
— arsénique.	traces.	— magnésie.	0.259
Chlore	1.728	— fer	0.022
Potasse	0.145	Sulfate de soude.	0.163
Soude	2.835	Phosphate de soude.	traces.
Lithine.	0.009	Chlorure de sodium. . . .	2.816
Chaux.	0.195	— lithium. . . .	0.025
Magnésie	0.081	Arséniate de soude. . . .	traces.
Protoxyde de fer.	0.010	Silice.	0.150
Matières organiques. . . .	traces.	Matières organiques. . . .	traces.

Poids des combinaisons anhydres, les carbonates étant à l'état de carbonates neutres.	6.100	Total, non compris l'acide carbonique libre	7.751
		Total, y compris l'acide carbonique libre.	8.771

Nous ferons remarquer une fois encore que ces eaux, qui déposent avec une si grande facilité leur carbonate de chaux, n'en contiennent qu'une quantité relativement faible, comparée à celle qui existe dans les eaux incrustantes de Gimeaux et de Clermont.

V. — *Saint - Nectaire - le - Bas.*

18° Source Ourseyre.

19° Source Papon.

On trouve, près du chemin du Mont-Dore, deux sources incrustantes exploitées par M. Papon-Serre, ce qui porte à dix le nombre des établissements de pétrification de Saint-Nectaire.

Les eaux de ces deux sources ont la plus grande analogie, comme le montrent les analyses suivantes :

COMPOSITION RAPPORTÉE A 1 LITRE.

	Source Ourseyre.	Source Papon.
Acide carbonique	3ᵍ255	3ᵍ326
— sulfurique.	0.078	0.065
— silicique.	0.096	0.092
— phosphorique	traces.	traces.
— arsénique	traces.	traces.
Chlore	1.357	1.452
Potasse.	0.137	0.140
Soude	2.265	2.377
Lithine	0.010	0.010
Chaux	0.242	0.250
Magnésie.	0.097	0.100
Protoxyde de fer.	0.004	0.004
Matières organiques	traces.	traces.
Poids des combinaisons anhydres, les carbonates étant à l'état de carbonates neutres.	5.130	5.355

	Source Ourseyre.	Source Papon.
Acide carbonique libre.	1g010	0g981
Bicarbonate de soude	2.900	2.981
— potasse	0.291	0.298
— chaux	0.622	0.677
— magnésie . . .	0.310	0.320
— fer.	0.009	0.009
Sulfate de soude.	0.138	0.115
Phosphate de soude	traces.	traces.
Chlorure de sodium.	2.198	2.355
— lithium.	0.028	0.028
Arséniate de soude.	traces.	traces.
Silice	0.096	0.092
Matières organiques	traces.	traces.
Total, non compris l'acide carbonique libre	6.592	6.875
Total, y compris l'acide carbonique libre.	7.602	7.856

20° Source Rouge.

La source Rouge, qui appartient au propriétaire de l'établissement du Mont-Cornadore, est située à Saint-Nectaire-le-Bas, vis-à-vis les bains Boette. Elle a servi autrefois à préparer des incrustations sous le nom de source *Canard;* mais aujourd'hui elle est enfermée dans une construction couverte et elle constitue une buvette assez fréquentée.

L'eau de la source Rouge est très-gazeuse, acidule, puis saline et ferrugineuse. Sa température est de 22°.

Elle a été analysée en 1858 par M. Terreil et en 1865 par M. Boutet, qui a trouvé les résultats suivants, publiés par M. le docteur Dumas-Aubergier (1), médecin inspecteur de Saint-Nectaire :

(1) Dr Dumas-Aubergier, *Saint-Nectaire*, p. 78. Clermont, 1869.

COMPOSITION RAPPORTÉE A 1 LITRE.

Acide carbonique	4ᵍ3116	Acide carbonique libre. .		1ᵍ7042
— sulfurique.	0.1061	Chlorure de sodium . . .		2.3954
— chlorhydrique. . .	1.4945	Bicarbonate de soude . .		2.7007
— phosphorique . . .	traces.	—	lithine. .	0.0650
— arsénique	traces.	—	potasse .	traces.
— borique	0.0043	—	rubidium	traces.
Iode	traces.	—	cœsium .	traces.
Soude.	2.4670	—	chaux . .	0.7875
Potasse.	traces.	—	magnésie	0.4390
Lithium	0.0067	—	fer. . . .	0.0194
Rubidium	traces.	—	baryte . .	traces.
Cœsium	traces.	Borate de soude		0.0081
Chaux	0.2787	Phosphate de soude . . .		traces.
Magnésie.	0.1390	Arséniate de soude. . . .		traces.
Baryte	0.0008	Alumine		0.0330
Sesquioxyde de fer. . . .	0.0100	Silice.		0.0861
Alumine	0.0330	Sulfate de soude		0.1864
Silice.	0.0861	— chaux		0.0029
Matière organique. . . .	traces.	Matière organique. . . .		traces.
	8.9975			8.4257

C'est, croyons-nous, la première fois que la lithine était dosée dans une eau minérale d'Auvergne, et la quantité trouvée par M. Boutet ne diffère pas sensiblement de celles que M. J. Lefort et nous-mêmes avons obtenues dans l'analyse d'autres sources de Saint-Nectaire (1).

21° Source Dumas.

La source Dumas existe au milieu du groupe de Saint-Nectaire-le-Bas, à droite du ruisseau, dont elle est séparée par la route.

(1) Nous avons rectifié le chiffre de 0ᵍ2691 attribué au bicarbonate de lithium par suite d'une faute d'impression, et pour cela nous avons calculé le résultat au moyen de la quantité 0ᵍ0067 de lithium trouvée par M. Boutet.

Elle fournit une eau limpide, très-gazeuse, dont la température est 16° et le débit 5 litres par minute.

Nous en avons fait l'analyse, qui nous a donné les résultats
suivants :

COMPOSITION RAPPORTÉE A 1 LITRE.

Acide carbonique	3ᵍ519	Acide carbonique libre. .	1ᵍ215
— sulfurique	0.060	Bicarbonate de soude . . .	2.881
— silicique	0.120	— potasse . .	0.362
— phosphorique.	traces.	— chaux . . .	0.697
— arsénique	traces.	— magnésie .	0.291
Chlore.	1.537	— fer.	0.017
Iode	traces.	Sulfate de soude.	0.106
Potasse	0.170	Phosphate de soude. . . .	traces.
Soude	2.413	Chlorure de sodium. . . .	2.503
Lithine	0.008	— lithium . . .	0.023
Chaux	0.271	Iodure de sodium.	traces.
Magnésie	0.091	Arséniate de soude	traces.
Protoxyde de fer	0.008	Silice.	0.120
Matières organiques. . . .	traces.	Matières organiques. . . .	traces.
Poids des combinaisons anhydres, les carbonates étant à l'état de carbonates neutres.	5.503	Total, non compris l'acide carbonique libre. . . .	7.000
		Total, y compris l'acide carbonique libre	8.215

La source Dumas se distingue par une forte proportion
d'acide carbonique libre ; elle est surtout employée en
boisson.

A quelques pas se trouve une autre source appelée Petite
source Dumas, mais qui n'est pas encore captée.

22° Source Mandon ou du Gros-Bouillon.

23° Source de la Coquille.

Ces deux sources alimentent l'établissement dit des Bains
romains. La première, qui fournit 50 litres par minute,
dégage une grande quantité d'acide carbonique qui la fait

bouillonner en produisant un bruit qui s'entend de loin ; elle provient de la réunion de deux sources voisines, la Vieille-Source et le Gros-Bouillon dont elle a gardé le nom. Sa température est de 37°5.

La seconde jaillit un peu au-dessus de l'établissement ; elle y est amenée et elle se répand dans une vasque élevée et plate en forme de coquille et disposée sous une voûte, ce qui l'a fait nommer source de la Voûte ou de la Coquille. Son débit est faible et sa température 26°.

L'analyse de ces deux sources a été faite en 1858 par M. Terreil, en 1859 par M. J. Lefort et en 1877 par l'Ecole des Mines. Voici les derniers résultats obtenus, rapportés à un litre :

	Source du Gros-Bouillon.	Source de la Coquille.
Résidu fixe.	5g2800	5g1060
Acide carbonique { libre.	0.5076	0.5166
{ des bicarbon^s	2.2404	2.3256
Acide chlorydrique.	1.5240	1.6012
— sulfurique.	0.0819	0.0879
— phosphorique	traces.	traces.
— arsénique	0.0012	0.0004
Silice.	0.0196	0.0305
Oxyde de fer.	0.0062	0.0053
Chaux.	0.1120	0.1904
Magnésie.	0.1244	0.1208
Potasse.	0.1344	0.1512
Soude.	2.5324	2.5787
Matières organiques.	0.0095	0.0086
Lithine.	traces.	traces.
Iode	traces.	traces.

La quantité d'acide carbonique libre signalée par ces analyses est faible et indique sans aucun doute que la détermination a été faite sur de l'eau transportée. M. J. Lefort, qui a opéré sur place en 1859 pour fixer le gaz dissous, a trouvé 1g531 pour la première source et 1g295 pour la seconde.

Ces nombres n'en sont pas moins tous intéressants, car ils montrent ce que l'eau contient à la source et ce qu'elle a perdu par le transport.

Les dépôts ferrugineux, desséchés à 100°, ont été aussi analysés par l'Ecole des Mines, qui a trouvé les résultats suivants sur 100 parties :

	Source du Gros-Bouillon.	Source de la Coquille.
Sesquioxyde de fer.	53ᵍ00	44ᵍ60
Acide phosphorique.	0.38	0.70
— arsénique.	4.10	4.15

VI. — *Saint-Nectaire-le-Bas.*

RIVE GAUCHE DU COURANÇON.

24° Source des Dames.

25° Source Saint-Césaire.

26° Grande source Boette.

L'établissement Boette, situé sur la rive gauche du Courançon, est alimenté par ces trois sources, de températures bien différentes. La source des Dames, non encore captée, mais servant déjà de buvette, existe à l'ouest et à trente mètres de l'établissement; sa température n'est que de 19°. La source Saint-Césaire, qui s'est appelée longtemps petite source Boette, a une température de 40°9, et enfin la grande source Boette possède une température de 46° qui la rend précieuse dans beaucoup de cas. Ces deux dernières bouillonnent vivement par suite d'un dégagement abondant d'acide carbonique.

Elles ont été analysées en 1844 par M. Nivet et en 1859 par M. J. Lefort; nous ne reproduisons que les analyses récentes de l'Ecole des Mines.

	Source des Dames.	Source St-Césaire.	Grande source Boette.
Résidu fixe	5ᵍ3700	6ᵍ0260	5ᵍ9400
Acide carbon. { libre	0.7340	0.3280	0.2061
{ des bicarbonˢ	2.1388	2.5672	2.4814
Acide chlorhydrique	1.6129	1.7399	1.7526
— sulfurique	0.0806	0.0892	0.0858
— phosphorique	»	traces.	traces.
— arsénique	0.0041	0,0008	0.0015
Silice	0.0550	0.0235	0.0215
Oxyde de fer	0.0085	0.0058	0.0074
Chaux	0.1760	0.1230	0.1288
Magnésie	0.0805	0.1318	0.1301
Potasse	0.1731	0.1673	0.1461
Soude	2.5132	2.8798	2.8733
Matières organiques	0.0052	0.0090	0.0073
Lithine	traces.	traces.	traces.
Iode	traces.	traces.	traces.

La proportion d'arsenic est à noter, surtout pour la source des Dames.

Nous ferons les mêmes observations que pour les sources des bains Romains, au sujet de l'acide carbonique libre. Les quantités signalées dans ces analyses se rapportent à l'eau transportée; à la source, M. J. Lefort a dozé 0ᵍ860 de gaz libre dans la petite source et 1ᵍ060 dans la grande source Boette.

27° Source Pauline.

28° Source Contre-Pauline.

Ces sources, les dernières que nous signalerons à Saint-Nectaire, existent à une petite distance et au-dessous des bains Boette, sur la même rive du Courançon. Elles constituaient l'établissement Chandèze qui a été abandonné et détruit, de sorte que nous les avons trouvées jaillissant sur le sol et se jetant dans le ruisseau comme si elles n'avaient jamais été captées.

La première a une température de 83° et un débit qui a été évalué à 30 litres par minute; elle jouissait, dit-on, d'une certaine réputation et était employée surtout pour des douches vaginales.

Son analyse nons a donné les résultats suivants :

COMPOSITION RAPPORTÉE A 1 LITRE.

Acide carbonique.	3ᵍ656	Acide carbonique libre . .	1ᵍ170
— sulfurique	0.082	Bicarbonate de soude. . .	3.133
— silicique	0.130	— potasse. .	0.377
— phosphorique . . .	traces.	— chaux. . .	0.784
— arsénique	traces.	— magnésie.	0.272
Chlore.	1.645	— fer	0.022
Iode.	traces.	Sulfate de soude.	0.145
Potasse	0.177	Phosphate de soude. . . .	traces.
Soude	2.616	Chlorure de sodium. . . .	2.681
Lithine.	0.008	— lithium. . . .	0.023
Chaux	0.305	Iodure de sodium.	traces.
Magnésie	0.085	Arséniate de soude. . . .	traces.
Protoxyde de fer.	0.010	Silice	0.130
Matières organiques. . .	traces.	Matières organiques . . .	traces.
Poids des combinaisons anhydres, les carbonates étant à l'état de carbonates neutres.	5.952	Total, non compris l'acide carbonique libre	7.567
		Total, y compris l'acide carbonique libre	8.737

La source Contre-Pauline, à trois ou quatre mètres de la précédente, est moins abondante ; on a surtout utilisé l'acide carbonique qu'elle dégage ; mais actuellement elle est aussi sans emploi.

Les eaux minérales de Saint-Nectaire ont des applications

thérapeutiques qui ont été soigneusement étudiées par les docteurs Vernière et Dumas-Aubergier, médecins inspecteurs de cette importante station.

Leur minéralisation, qui les rapproche des eaux de la Bourboule, les a fait employer pour combattre les premiers symptômes de la scrofule et les manifestations du lymphatisme. Les affections utérines chez les sujets lymphatiques, la chloro-anémie y sont traitées avec succès ; enfin, la haute température de certains bains les indique pour le traitement des affections rhumatismales.

SAINT-OURS

Source de la Froude.

A deux kilomètres à l'est de Saint-Ours et à une distance un peu plus grande de Pontgibaud, se trouve la source de la Froude. Elle est située sur la rive gauche d'un petit ruisseau, au milieu du bois qui lui a donné son nom.

Jean Banc l'a décrite en ces termes, en 1605, en même temps que la source de Javelle :

« L'autre source est distante près d'vne lieuë dudit Pontgibaud plus bas que le village de S. Ours, dans vn fonds et précipice entre deux montaignes, qui n'ont qu'un petit ruisseau pour les diuiser, dans vne fort ombreuse et couuerte cauité de ce lieu, là se trouue cette source d'Eau extrèmement claire et froide en esté à l'esgal de la glace mesme. Sa ressource en est fort copieuse et riche, elle bouillonne perpétuellement et faict grand bruict. Elle est aussi bien fort aigrette, mais ne laisse aucune fumée derrière, ny de goust pareil à la mentionnée cy dessus (la source de Javelle) (1). »

La source de la Froude est abondante et abandonne un sédiment ocreux sur son parcours; elle a formé d'épais travertins qui indiquent qu'elle est incrustante, et en effet son analyse accuse une forte proportion de sel calcaire.

L'eau est limpide, aigrelette et un peu ferrugineuse. Sa température est de 11°.

L'analyse suivante que nous en avons faite montre qu'elle a une minéralisation plus élevée que les sources voisines de Javelle et de Châteaufort; elle est plus riche en sels terreux.

COMPOSITION RAPPORTÉE A 1 LITRE.

Acide carbonique.	2^{g}175	Acide carbonique libre. .	0^{g}785
— sulfurique.	0.087	Bicarbonate de soude . . }	
— silicique	0.050	— potasse . }	0.361
— arsénique.	traces.	— chaux. . .	1.198
Chlore.	0.012	— magnésie .	0.656
Potasse . . . . }		— fer.	0.033
Soude . . . . }	0.205	Sulfate de soude.	0.154
Lithine.	0.003	Chlorure de sodium. . . .	0.010
Chaux.	0.466	— lithium. . . .	0.008
Magnésie	0.205	Arséniate de soude. . . .	traces.
Protoxyde de fer. . . .	0.015	Silice	0.050
Matières organiques . . .	traces.	Matières organiques . . .	traces.
Poids des combinaisons anhydres, les carbonates étant à l'état de carbonates neutres.	1.740	Total, non compris l'acide carbonique libre.	2.470
		Total, y compris l'acide carbonique libre.	3.255

(1) Jean Banc, p. 88. 1605.

Les habitants des environs attribuent une foule de propriétés à l'eau de Saint-Ours; mais on lui préfère comme eau de table celle de Châteaufort.

SAINT·PRIEST·DES·CHAMPS

1° Sources de M. Maniol.

Près du hameau de Buffévent, qui se trouve à trois kilomètres au sud de Saint-Priest-des-Champs, on rencontre un certain nombre de sources minérales qui ont la plus grande analogie.

Elles sortent d'un terrain granitique sur les deux rives d'un ruisseau nommé le *Colis* et près du pont de Sauvanet.

En 1864, une seule source était captée et utilisée, c'était la source appelée Maniol, du nom de son propriétaire; mais depuis cette époque, de nouvelles fouilles ont été faites et on peut actuellement distinguer jusqu'à sept sources, quatre sur la rive droite et trois sur la rive gauche. On a donné aux cinq principales les noms de sources *Maniol,* du *Pavillon, Colis, Puits-la-Garenne* et *Germaine.*

Voici leur débit et leur température :

	Litres par heure.	Température.
Source Maniol	80	8°
— du Pavillon.	300	11°
— Colis . . . . : .	80	7°
— du Puits-la-Garenne . .	40	18°
— Germaine	30	13°

L'analyse de l'ancienne source Maniol a été faite en 1864 par M. Bouis. Les résultats suivants, que nous avons obtenus pour les trois premières sources, diffèrent si peu de ceux qu'a publiés ce chimiste qu'il faut admettre une constance parfaite dans la composition.

COMPOSITION RAPPORTÉE A 1 LITRE.

	Source Maniol.	Source du Pavillon.	Source Colis.
Acide carbonique	2^{g}205	1^{g}600	1^{g}705
— sulfurique.	traces.	traces.	traces.
— silicique.	0.050	0.045	0.041
Chlore	traces.	traces.	traces.
Potasse. . . . . } Soude. . . . . }	traces.	traces.	traces.
Lithine.	traces.	traces.	traces.
Chaux	0.201	0.192	0.198
Magnésie.	0.020	0.022	0.020
Protoxyde de fer. . . .	0.030	0.027	0.028
Matières organiques. . .	traces.	traces.	traces.
Poids des combinaisons anhydres , les carbonates étant à l'état de carbonates neutres. .	0.501	0.475	0.480

Ces chiffres peuvent représenter les combinaisons suivantes :

	Source Maniol.	Source du Pavillon.	Source Colis.
Acide carbonique libre. .	1^{g}810	1^{g}205	1^{g}315
Bicarbonate de soude. . } — potasse. }	traces.	traces.	traces.
— chaux . .	0.517	0.493	0.511
— magnésie	0.064	0.070	0.064
— fer. . . .	0.066	0.059	0.061
Sulfate de soude.	traces.	traces.	traces.
Chlorure de sodium. . .	traces.	traces.	traces.
— lithium. . .	traces.	traces.	traces.
Silice.	0.050	0.045	0.041
Matières organiques. . .	traces.	traces.	traces.
Total, non compris l'acide carbonique libre. . . .	0.697	0.667	0.677
Total, y compris l'acide carbonique libre . . .	2.507	1.872	1.992

2° Source Baisle.

A 200 mètres au-dessus des précédentes et tout près de Buffévent se trouve une autre source minérale appartenant à M. Baisle. Elle fournit par heure 30 litres d'eau à la température de 8°.

Sa composition l'assimile complètement aux précédentes, comme on le voit par l'analyse suivante :

COMPOSITION RAPPORTÉE A 1 LITRE.

Acide carbonique.	2ᵍ200	Acide carbonique libre. .	1ᵍ590
— sulfurique.	traces.	Bicarbonate de soude . . ⎫	
— silicique.	0.057	— potasse . ⎬	traces.
Chlore.	traces.	— chaux. . .	0.540
Potasse . . . . ⎫		— magnésie .	0.073
Soude . . . . ⎬	traces.	— fer.	0.055
Lithine.	traces.	Sulfate de soude.	traces.
Chaux	0.210	Chlorure de sodium. . . .	traces.
Magnésie	0.023	— lithium. . . .	traces.
Protoxyde de fer. . . .	0.025	Silice.	0.057
Matières organiques. . .	traces.	Matières organiques. . . .	traces.
Poids des combinaisons anhydres, les carbonates étant à l'état de carbonates neutres	0.518	Total, non compris l'acide carbonique libre.	0.725
		Total, y compris l'acide carbonique libre	2.315

Les eaux de Saint-Priest-des-Champs sont peu minéralisées ; mais elles sont chargées d'acide carbonique, calcaires et surtout ferrugineuses. Elles jouissent d'une certaine vogue et sont employées contre la chloro-anémie et les affections tuberculeuses. Nombre de personnes des environs viennent s'installer au chef-lieu de la commune et font *une saison* en allant chaque matin boire ces eaux. On les expédie aussi dans les départements de l'Allier et de la Creuse.

SAUXILLANGES

Source de la Réveille.

La source de la Réveille jaillit près du hameau le Seix, à un kilomètre au nord-ouest de Sauxillanges.

Elle fournit une eau limpide, d'une saveur aigrelette et alcaline.

Une analyse faite en 1845 par M. Nivet a donné les résultats suivants :

Bicarbonate de soude. . . .	2^{g}0577
Sulfate de soude	0.0200
Chlorure de sodium . . .	0.0600
Bicarbonate de magnésie. .	0.0910
— fer. . . .	traces.
— chaux. . .	0.3448
Silice	0.0350
Perte	0.1300
Total des sels par litre d'eau. .	2.7385

« L'eau de la Réveille, étant alcaline et acidule, peut convenir aux malades dont les digestions sont lentes et pénibles, aux goutteux, aux calculeux, aux graveleux (1). »

(1) Nivet. *Dictionnaire*, etc., p. 257. 1846.

TERNANT

Nous emprunterons encore à l'ouvrage de M. Nivet les détails suivants sur les eaux minérales de Ternant que nous n'avons point visitées :

« Les sources de Ternant sourdent dans la vallée placée au-dessous du village du même nom. Le filet le plus abondant fournit une eau froide, acidule, limpide et incolore, et qui mousse même après un mois de conservation en vase clos. »

M. Nivet a trouvé pour cette eau la composition suivante :

Bicarbonate de soude	1^s4990
Sulfate de soude.	0.0600
Chlorure de sodium.	0.7560
Bicarbonate de magnésie . . .	0.3035
— fer	0.0471
— chaux	0.6632
Silice	0.0900
Perte	0.1184
Total des sels par litre d'eau.	3.5372

Et il ajoute : « Les eaux de Ternant sont très-gazeuses. Elles ont une grande réputation dans les cantons de Saint-Germain-Lembron, d'Ardes, d'Issoire et de Champeix.

» Les médecins les prescrivent aux malades affectés de dyspepsie, d'engorgements des viscères abdominaux, de fièvres intermittentes rebelles au quina, de chlorose ou de phlegmasies chroniques des muqueuses génito-urinaires (1). »

(1) Nivet, *Dictionnaire*, etc., p. 258. 1846.

THIERS

Sources du Breuil.

A un kilomètre au sud de Thiers, et près du hameau du
Breuil, on rencontre deux sources très-voisines jaillissant
des rochers qui bordent la rive gauche du ruisseau la
Durolle.

L'eau est acidule, ferrugineuse et dégage une légère
odeur d'hydrogène sulfuré. Il faut sans doute attribuer la
présence de ce gaz à la décomposition qu'éprouve une petite
quantité de sulfates sous l'influence des matières organiques.

Les sources du Breuil sont très-peu abondantes et ont
l'une et l'autre une température de 13°5.

Leur analyse nous a donné les résultats suivants, qui
montrent la plus grande ressemblance dans la composition :

	Source inférieure.	Source supérieure.
Acide carbonique.	0^{g}180	0^{g}130
— sulfurique.	0.005	0.005
— silicique	0.060	0.060
Chlore.	0.009	0.006
Potasse . . . . } Soude . . . . }	0.023	0.025
Chaux	traces.	traces.
Protoxyde de fer.	0.009	0.008
Matières organiques . . . . } Acides créniq^e et apocréniq^e }	0.045	0.060
Poids des combinaisons anhy-dres, les carbonates étant à l'état de carbonates neutr^s.	0.154	0.168

Ces nombres peuvent représenter les combinaisons suivantes :

	Source inférieure.	Source supérieure.
Acide carbonique libre. . .	0ᵍ148	0ᵍ090
Bicarbonate de soude . . . . ⎫ — potasse . . . ⎭	0.032	0.046
— chaux.	traces.	traces.
— fer.	traces.	traces.
Sulfate de soude.	0.008	0.008
Chlorure de sodium.	0.016	0.010
Silice.	0.060	0.060
Matières organiques . . . . ⎫ Crénate et apocrénate de fer. ⎭	0.054	0.068
Total, non compris l'acide carbonique libre.	0.170	0.197
Total, y compris l'acide carbonique libre.	0.318	0.287

Cette composition est remarquable en ce qu'elle indique une eau ferrugineuse crénatée simple.

Prise à la source, l'eau du Breuil est considérée comme très-efficace dans la chlorose. Elle était autrefois très-fréquentée.

VERNET (LE) SAINTE-MARGUERITE

Source de Sainte-Marguerite.

A 700 mètres au sud-est du Vernet jaillit dans une prairie une source très-connue des environs et qui est la propriété de la commune.

On raconte qu'une personne de la localité, ayant trouvé une statue de sainte Marguerite en travaillant la terre, aurait creusé plus profondément et fait jaillir la source.

Quoi qu'il en soit, elle existait déjà en 1605, car, dit Jean Banc, « il y a en vn village nommé le Vernet, à » cinq lieues de Clermont, près de Senetere (Saint-Nectaire) » et de Lanche, vne source fort claire, riche, et à mon » opinion de pareille propriété que les autres, mais de » merueilleuse vertu à tuer les vers des petits enfants (1). »

Chomel signale aussi cette source en 1734 : « A demy » quart de lieuë du Vernet, près de Saint-Nectaire, en allant » au Mont d'Or, dans un vallon ouvert à l'Orient, on trouve » une source assez abondante, couverte d'une petite voûte » en forme de chapelle, au-devant de laquelle les gens du » païs ont placé l'image de sainte Marguerite dans une » petite niche creusée dans la muraille, d'où vient le nom » qu'ils donnent à cette source. On en boit comme de l'eau » d'une fontaine ordinaire et on ne lui reconnaît d'autre » propriété que celle de donner de l'appétit.

» De huit livres d'eau je n'ai tiré que douze grains de » résidence (2) » (soit 0^g159 par litre).

L'eau de Sainte-Marguerite est très-limpide et d'une saveur aigrelette ; c'est une eau *carbonique* comme le montre l'analyse suivante que nous en avons faite.

(1) Jean Banc, p. 91-2. 1605.
(2) Chomel. *Traité des Eaux minérales*, etc., p. 336. 1734.

COMPOSITION RAPPORTÉE A 1 LITRE.

Acide carbonique. . . . . 1^{g}990	Acide carbonique libre . . 1^{g}850
— sulfurique. . . . . traces.	Bicarbonate de soude. . . 0.208
— silicique. 0.085	— chaux. . . 0.051
Chlore. . . . . traces.	Sulfate de soude. . . . . . traces.
Soude 0.077	Chlorure de sodium. . . . traces.
Lithine. . . . . traces.	— lithium. . . . traces.
Chaux 0.020	Silice 0.085
Magnésie . . . . traces.	

Poids des combinaisons anhydres, les carbonates étant à l'état de carbonates neutres 0.252	Total, non compris l'acide carbonique libre . . . . 0.344 Total, y compris l'acide carbonique libre 2.194

La construction qui contient la source du Vernet a été restaurée en 1876. On s'y rend d'assez loin pour boire l'eau et l'emporter comme eau de table.

VERRIÈRES

1° Source Aurine.

2° Source de la Commune.

3° Source Ladevie.

Un grand nombre de suintements ferrugineux se voient sur la rive droite de la Couze, à Verrières, non loin de Saint-Nectaire ; en trois endroits ils deviennent plus considérables et forment trois sources dont aucune n'est captée.

La source Aurine se trouve à 500 mètres au-dessus

du pont de Verrières, dans un pré et sur le bord de la Couze. Des suintements l'entourent et même un filet assez volumineux s'échappe du lit de la rivière. Sa température est de 8°2 et son débit environ dix litres par minute.

La source de la Commune est à 80 mètres en amont du pont. Elle est moins abondante, d'un accès difficile ; sa température est de 8°8.

La source Ladevie est à 20 mètres en aval du pont et ne fournit guère que quatre litres par minute. Sa température est de 8°5.

Ces eaux sont limpides, gazeuses, d'une saveur acidule, saline et ferrugineuse.

Leur analyse nous a donné les résultats suivants :

	Source Aurine.	Source de la Commune.	Source Ladevie.
Acide carbonique	1ᵍ899	1ᵍ880	1ᵍ667
— sulfurique.	traces.	traces.	traces.
— silicique.	0.110	0.110	0.110
Chlore	0.468	0.320	0.300
Potasse. . . . . } Soude . . . . }	1.101	0.694	0.647
Lithine.	0.005	0.005	0.005
Chaux	0.182	0.237	0.210
Magnésie.	0.037	0.122	0.110
Protoxyde de fer.	0.012	0.018	0.015
Matières organiques. . .	traces.	traces.	traces.
Poids des combinaisons anhydres, les carbonates étant à l'état de carbonates neutres.	2.500	2.070	1.912

Ces nombres peuvent représenter les combinaisons suivantes :

	Source Aurine.	Source de la Commune.	Source Ladevie.
Acide carbonique libre .	0ᵍ524	0ᵍ618	0ᵍ510
Bicarbonate de soude . ⎫			
— potasse ⎭	1.924	1.165	1.084
— chaux. .	0.468	0.609	0.540
— magnésie	0.118	0.390	0.352
— fer. . . .	0.026	0.040	0.033
Sulfate de soude.	traces.	traces.	traces.
Chlorure de sodium. . .	0.751	0.507	0.474
— lithium. . .	0.014	0.014	0.014
Silice.	0.110	0.110	0.110
Matières organiques. . .	traces.	traces.	traces.
Total, non compris l'acide carbonique libre. . . .	3.411	2.835	2.617
Total, y compris l'acide carbonique libre. . . .	3.935	3.453	3.127

Les eaux de Verrières ne sont point utilisées et cependant leur composition les range parmi les eaux ferrugineuses bicarbonatées, dont les applications sont nombreuses et bien déterminées.

CLASSIFICATION

DES EAUX MINÉRALES

DU DÉPARTEMENT DU PUY-DE-DOME

———

Après avoir étudié les eaux minérales du Puy-de-Dôme sans autre classification que l'ordre alphabétique des communes où elles sourdent, il nous paraît intéressant de passer en revue leur composition, afin d'arriver à une classification basée à la fois sur la nature, la quantité et les propriétés thérapeutiques des substances actives qu'elles contiennent.

Une telle classification est difficile, car l'importance médicale de telle ou telle substance n'est pas déterminée d'une manière précise et absolue ; d'autre part, elle ne tient pas compte de certains caractères physiques, comme la température, qui ont pourtant une influence considérable sur l'application des eaux à l'art de guérir. Mais, si imparfaite qu'elle soit, elle aura du moins l'avantage de grouper des eaux similaires et de présenter dans un tableau d'ensemble la variété qui existe dans la richesse hydrominérale

du département. Nous devons à l'obligeance de M. le docteur
Boucomont les bases de cette classification, que nous avons
adoptée pour la disposition des eaux minérales du Puy-de-
Dôme à l'Exposition universelle de 1878, et nous saisissons
l'occasion de lui en exprimer publiquement notre reconnaissance.

Nous diviserons les eaux en onze classes :

1° Les eaux *carboniques*. Ce sont des eaux qui ne contiennent guère que de l'acide carbonique et qui tirent toute
leur valeur de la présence de ce gaz.

2° Les eaux *bicarbonatées sodiques*. Classe peu nombreuse,
qui comprend les eaux dans lesquelles les alcalis dominent
notablement.

3° Les eaux *bicarbonatées mixtes*. Aux bicarbonates alcalins s'ajoutent des carbonates terreux, en l'absence presque
complète des chlorures.

4°, 5°, 6° Les eaux *chloro-bicarbonatées*. Ces eaux joignent
aux bicarbonates alcalins et terreux des proportions plus ou
moins grandes de chlorure de sodium, sans exclure toujours
le fer et l'arsenic. Elles sont très-nombreuses, et nous les
avons subdivisées en trois classes, en appelant *légères* celles
dont la minéralisation est inférieure à 1 gramme par litre,
moyennes celles qui contiennent de 1 à 3 grammes, et enfin
fortes celles dont la minéralisation est plus élevée.

7° Les eaux *ferrugineuses simples*. Ce sont celles fort peu
nombreuses, qui contiennent le fer comme seul élément
important.

8° Les eaux *ferrugineuses bicarbonatées*. Elles contiennent, avec les substances ordinaires, bicarbonates alcalins et terreux, chlorures, une proportion notable de fer qui leur imprime un cachet spécial.

9° Les eaux *arsenicales simples*. L'arsenic, bien qu'en proportion faible, est l'élément dominant à cause du degré peu élevé de la minéralisation.

10° Les eaux *chloro-arsenicales*. Bien qu'elles soient assez fortement minéralisées, la grande quantité d'arsenic qu'elles renferment leur donne des propriétés spéciales anti-herpétiques.

11° Les eaux *chlorurées, sulfureuses et bitumineuses*.

Voici comment les eaux minérales que nous avons étudiées se répartissent dans ces onze classes :

1° Eaux carboniques.

Eaux d'Ambert.
— d'Aurières.
— de Besse, S. Thérèse.
— — S. du Pont-Scarot.
— du Chambon, S. de la Garde.
— de Compains, S. de Chaumiane.
— de Glaine-Montaigut.
— de Grandrif.
— du Mont-Dore, S. Sainte-Marguerite.
— de Saint-Amant-Roche-Savine.
— du Vernet-Sainte-Marguerite.

2° Eaux bicarbonatées sodiques.

Eaux de Courpière.

3° Eaux bicarbonatées mixtes.

Eaux de Beaulieu.
— du Chambon, S. de la Pique.
— — S. de Vouassière.
— — S. de Chaudefour.
— de Nebouzat, S. de la Gorce.
— de Saint-Georges-ès-Allier, S. du Gourgoulet.

4° Eaux chloro-bicarbonatées légères.

Eaux de Bromont, S. de Javelle.
— de Chaptuzat, S. Saint-Mayard.
— de Compains, S. du Moulinou.
— de Job.
— des Martres-de-Veyre, S. des Roches.

5° Eaux chloro-bicarbonatées moyennes.

Eaux d'Ardes, S. de la Gravière.
— d'Augnat.
— de Beauregard-Vandon (Rouzat).
— de Boudes.
— de Bourg-Lastic.
— de Chamalières, S. des Roches.
— de Chapdes-Beaufort.
— de Châteauneuf.
— de Clermont-Ferrand, S. Anna.
— — S. Pallet.
— — S. du Puits artésien.
— — S. de Jaude.

Eaux de Clermont-Ferrand, S. Saint-Remy
—   —   S. Bellœuf.
—   —   S. Saint-Joseph.
—   —   S. Alligier.
— de Coudes.
— de Gimeaux.
— de Jose (Médague), S. du Petit-Bouillon.
— d'Egliseneuve-d'Entraigues.
— d'Enval.
— de Saint-Diéry.
— de Saint-Maurice, petite S. de la Chapelle.
—   —   grande S. de la Chapelle.
— de Verrières.

6° Eaux chloro-bicarbonatées fortes.

Eaux de Châtelguyon.
— de Clermont, S. des Salins.
—   —   S. Saint-Pierre.
—   —   S. Pascal.
—   —   S. Saint-Alyre.
—   —   S. des bains Saint-Alyre.
—   —   S. de l'enclos Sainte-Claire.
—   —   S. Saint-Arthème.
—   —   S. de la rue Sainte-Claire.
—   —   S. de la rue des Chats.
—   —   S. Sainte-Ursule.
— de Grandeyrol.
— de Jose (Médague), S. de l'Ours.
—   —   S. des Graviers.
—   —   S. Daguilhon.
— de Loubeyrat (Sans-Souci).

Eaux de Nohanent.
— de Royat, S. Eugénie.
—   —   S. Saint-Mart.
—   —   S. Saint-Victor.
—   —   S. Marie-Louise.
—   —   S. Fonteix.
— de Saint-Maurice (Sainte-Marguerite).
— de Saint-Myon.
— de Saint-Nectaire.

7° Eaux ferrugineuses simples.

Eaux de Thiers (Le Breuil).

8° Eaux ferrugineuses bicarbonatées.

Eaux d'Ardes (Chabetout).
— d'Arlanc.
— de Besse, S. de la Villetour.
—   —   S. des Rochers de Berthaire.
— de Biollet.
— de Bromont, S. de Pranal.
— de Chanonat.
— de Châteldon.
— de Clermont-Ferrand, Puits Loiselot.
— de Rochefort.
— de Saint-Ours (la Froude).
— de Saint-Priest-des-Champs.

9° Eaux arsenicales simples.

Eaux du Mont-Dore.

10° Eaux chloro-arsenicales.

Eaux de la Bourboule.

11° Eaux chlorurées, sulfureuses et bitumineuses.

Eau du Puy de la Poix.

TABLE

DES SOURCES MINÉRALES

CITÉES DANS LE DICTIONNAIRE

TABLE   313

TABLE 315

FIN

Riom. — Imprimerie G. LEBOYER, rue Pascal, 3.

BIBLIOGRAPHIE

SIDOINE-APPOLLINAIRE. *Calentes nunc te Baiæ*, etc. (XIVe lettre, livre V). — Ve siècle.

JEAN BANC. La Memoire renovvellée des merveilles des eavx naturelles en faueur de nos Nymphes françaises, etc. — Paris, 1605.

VILLEFEU. Bref discours des fontaines minérales de Vic-le-Comte, en Auvergne. — Lyon, 1616.

DUCLOS. Observations sur les eaux minérales de plusieurs provinces de France. — Paris, 1675.

LÉMERY. Analyse de la fontaine pétrifiante de Clermont, en Auvergne (Histoire de l'Acad. Roy. des sciences, 1700, p. 58).

GUY PATIN. Lettres choisies. — La Haye, 1707.

CHOMEL. Traité des eaux minérales, bains et douches de Vichy. — Clermont-Ferrand, 1734.

LEMONNIER. Observations d'histoire naturelle (Mémoires de l'Académie des sciences de 1740). — 1744.

OZY. Analyse des eaux minérales de Saint-Alyre. — Clermont-Fd, 1748.

MONNET. Traité des eaux minérales. — Paris, 1768.

ADVINENT. Mémoire sur les eaux de Saint-Jean-de-Glaines (Glaine-Montaigut). — Gazette salutaire, 1773.

RAULIN. Traité analytique des eaux minérales. — Paris, 1774.

DESBREST. Traité des eaux minérales de Châteldon, Vichy, etc. — Moulins, 1778.

RICHARD DE LA PRADE. Analyse et vertus des eaux minérales du Forez. — Lyon, 1778.

CARRÈRE. Catalogue raisonné des ouvrages publiés sur les eaux minérales en général et celles de la France en particulier.—Paris, 1785.

DE BRIEUDE. Observations sur les eaux minérales de Bourbon-l'Archambaud, de Vichy et du Mont-d'Or. — Paris, 1788.

LEGRAND-D'AUSSY. Voyage fait en 1787 et 1788 dans la ci-devant Haute et Basse-Auvergne. — Paris, an III.

BUC' HOZ. Histoire naturelle de la ci-devant province d'Auvergne. — Paris, 1796.

VAUQUELIN. Analyse des eaux minérales d'Auvergne en 1799 (Annales littéraires de l'Auvergne). — Clermont-Ferrand, 1844.

DELARBRE. Notice sur l'ancien royaume des Auvergnats et sur la ville de Clermont. — Clermont-Ferrand, 1805.

VALLET. Analyse des eaux thermales et minérales de Châteauneuf. — Riom, 1809.

BERTHIER. Analyses des eaux minérales du Mont-d'Or et de Saint-Nectaire (Annales des mines, 1822).

MICHEL BERTRAND. Recherches sur les propriétés physiques, chimiques et médicinales des eaux du Mont-d'Or. — Clermont-Ferrand, 1823.

BERZÉLIUS. Analyse des travertins du Mont-Dore (Annales de chimie et de physique, t. XXVIII). — 1825.

H. LECOQ. Recherches sur les eaux minérales de la Bourboule (Annales d'Auvergne, 1828).

BOULLAY et HENRY. Analyse de l'eau de Saint-Nectaire (Annales d'Auvergne, 1828).

H. LECOQ. Observations sur la source incrustante de Saint-Alyre. — Clermont, 1830.

H. LECOQ. Analyse des eaux minérales de Sainte-Claire (Annales d'Auvergne, 1831).

BLONDEAU et HENRY. Analyse des eaux minérales de Pontgibaud (Journal de Pharmacie, 1831).

SALNEUVE. Essai sur les eaux minérales de Châteauneuf.—Gannat, 1834.

H. LECOQ. Le Mont-Dore et ses environs. — Clermont, 1835.

GIRARDIN. Analyse chimique des eaux minérales de Saint-Alyre (Annales d'Auvergne, 1837).

BRAVARD - DÉRIOLS. Propriétés médicinales des eaux d'Arlanc. — Paris, 1837.

H. LECOQ. Recherches analytiques et médicinales sur les eaux minérales de Grandrif. — Clermont, 1838.

DESBREST (EM.). Nouvelles recherches sur les propriétés physiques, chimiques et médicinales des eaux de Châteldon. — Moulins, 1839.

SALNEUVE. Découverte de trois sources minérales à Châteauneuf (Annales d'Auvergne, 1840).

J. Barse. Châtelguyon et ses eaux minérales. — Riom, 1840.

Dr Bertrand, de Pont-du-Château. Notice sur les eaux de Médague et de Saint-Alyre (Annales d'Auvergne, 1842).

Dr Aguilhon. Note sur l'action thérapeutique des eaux minérales de Châtelguyon (Annales de thérapeutique, 1843).

Fléchier. Mémoires sur les Grands-Jours ténus en 1665 et 66. — Clermont, 1844.

Pierre Bertrand. Royat et le Mont-d'Or (Annales d'Auvergne, 1845).

V. Nivet. Dictionnaire des eaux minérales du département du Puy-de-Dôme. — Clermont, 1846.

V. Nivet. Etude sur les eaux minérales de l'Auvergne et du Bourbonnais. — Clermont, 1850.

Thénard. Recherches sur l'arsenic dans les eaux minérales d'Auvergne (Comptes rendus de l'Académie des sciences, 1854).

Dr Maisonneuve. Notice sur les eaux minérales de Grandrif. — Clermont, 1854.

Chevallier. Notice historique sur la découverte de l'arsenic dans les eaux minérales (Bulletin de l'Académie de médecine, 1855).

Annales de la Société d'hydrologie médicale de Paris, 1852 et suiv.

J. Lefort. Etudes sur les principales eaux minérales d'Auvergne. (Dans les Annales de la Société d'hydrologie médicale de Paris).

V. Nivet. Recherches sur les eaux minérales thermales de Royat. — Clermont, 1855.

Chevallier. Notice sur les eaux minérales du Mont-Dore. — Clermont, 1857.

Gonod. Etude sur l'eau minérale des Roches. — Paris, 1857.

Gonod et O. Henry. Etudes chimiques et médicales sur les eaux minérales de Châteldon. — Clermont, 1858.

Basset. Une première année passée à Saint-Nectaire. — Paris, 1859.

Chevallier. Notice sur l'eau minérale de Châtelguyon. — Paris, 1859.

Gonod. Analyse de l'eau de Châtelguyon. — Paris, 1859.

Durand-Fardel, Le Bret, J. Lefort et J. François. Dictionnaire général des eaux minérales. — Paris, 1860.

Allard. Précis sur les eaux thermales de Royat. — Paris, 1861.

Dr Planat. Notices sur les eaux minérales du Salet près Courpière. — Clermont, 1861.

ALLARD et BOUCOMONT. Les eaux thermo-minérales d'Auvergne. — Paris, 1862.

DURAND-FARDEL. Traité thérapeutique des eaux minérales. — Paris, 1862.

Dr LACAZE. Etude sur les eaux minéro-thermales de Rouzat. — Paris, 1863.

H. LECOQ. Les eaux minérales considérées dans leurs rapports avec la chimie et la géologie. — Paris, 1864.

Dr DUMAS-AUBERGIER. Etude sur diverses eaux minérales d'Auvergne (Saint-Nectaire). — Clermont-Fd, 1869.

Dr CHOUSSY. Etude médicale sur l'eau minérale de la Bourboule. — Paris, 1873.

Dr CHATEAU. Les sources de Fenestre à la Bourboule. — Paris, 1874.

TRUCHOT et FREDET. De la lithine dans les eaux minérales de Royat et dans les principales sources thermales d'Auvergne. — Clermont, 1875.

Dr JOAL. Essais médicaux sur les eaux du Mont-Dore. — Paris, 1875.

Dr VERNIÈRE. Lettre sur les eaux minérales de Saint-Nectaire. — Issoire, 1877.

Dr BOUDANT. Les eaux minérales du Mont-Dore. — Paris, 1877.

FINOT. Notice sur les eaux minérales du Petit-Rocher à Châteauneuf. — Riom, 1877.

Dr BOUDET. Etude sur les eaux minérales de Châteauneuf. — Paris, 1877.

Frère HÉRIBAUD-JOSEPH. Florule des terrains arrosés par les eaux minérales de l'Auvergne. — Clermont, 1878.

Dr BOUCOMONT. Les eaux minérales d'Auvergne. — Paris, 1878.

www.ingramcontent.com/pod-product-compliance
Lightning Source LLC
Chambersburg PA
CBHW060413200326
41518CB00009B/1345